Noor Hammodi
Waleed Y. Hussein
Sinan M. AbdulSatar

Conceção e avaliação do modulador Mach-Zehnder

Noor Hammodi
Waleed Y. Hussein
Sinan M. AbdulSatar

Conceção e avaliação do modulador Mach-Zehnder

ScienciaScripts

Imprint

Cover image: www.ingimage.com

This book is a translation from the original published under ISBN 978-3-659-58177-9.

Publisher:
Sciencia Scripts
is a trademark of
Dodo Books Indian Ocean Ltd. and OmniScriptum S.R.L publishing group

120 High Road, East Finchley, London, N2 9ED, United Kingdom
Str. Armeneasca 28/1, office 1, Chisinau MD-2012, Republic of Moldova, Europe
Printed at: see last page
ISBN: 978-620-7-79179-8

Agradecimentos

A TODOS AQUELES QUE ME DERAM AMOR E TENDÊNCIA O MEU PAI, A MINHA MÃE, O MEU MARIDO, OS MEUS IRMÃOS E A MINHA IRMÃ, QUE TÊM SIDO UMA FONTE CONSTANTE DE APOIO. Estou grato por os ter na minha vida. Dou a esta obra o resultado de um grande esforço. Um grande obrigado à Universidade de la Rochelle, em França, e à Universidade Nihon, no Japão.

NOOR

Resumo

Com muitas vantagens em comparação com os sensores tradicionais, os sensores de fibra ótica têm sido estudados e aplicados em muitos domínios diferentes.

Os sensores interferométricos são um dos tipos de sensores mais úteis devido às suas elevadas sensibilidades. Os sensores interferométricos ópticos de dois braços separados e em linha receberam mais atenção devido à sua compacidade e robustez.

Nesta tese, a conceção de sensores de deformação utilizando dois métodos de MZM, dois MZM de braços separados e MZM em linha. O MZM em linha é simples e mais económico do que o MZM de braços separados. Este MZM em linha foi concebido através da união de SMF com MMF. Foram utilizados quatro comprimentos de MMF (90 mm, 80 mm, 70 mm e 50 mm) e foram colocados pesos de 50 a 2000 g no MMF. A sensibilidade calculada para estes comprimentos de MMF foi de (7,6pm/με , 6,15pm/μ.ε , 5,45pm/με e 4,615pmμε) respetivamente, tendo sido obtida a melhor sensibilidade com o comprimento de MMF de 90 mm.

Os resultados experimentais mostram que o método de dois braços separados no MZM é mais sensível do que o MZM em linha, que é (0,315pm/pa) para dois braços separados e (0,09 pm/pa) para o MZM em linha. Os testes de sensibilidade e de leitura de ambos os métodos foram efectuados e apresentados nesta tese. Este trabalho foi verificado científica e experimentalmente com a Universidade de la rochelle em França e a Universidade de nihon no Japão

ÍNDICE DE CONTEÚDOS:

LISTA DE SÍMBOLOS

θ	Angle of rotation of the plane of polarization
H	Magnatic field
V	Verdet constant
$\emptyset$	The phase
k	Propagation constant
L	Optical path
n	Refractive index
δ	Stress components
s	Directional coordinate
C_1	Direct opto-elastic constant
C_2	Transverse opto-elastic constant
C	Opto – elastic constant
F	Force
b	Cladding radius
H	Modal birefringence
β	Phase constant
$\Delta\emptyset$	Optical phase shift
ε_z	Axial strain
n_{eff}	Effective index
ε_j	Strain component along the j coordinate
Pij	Photo-elastic constant (Pockel's constant)
D	Fiber diameter
n_{cladd}	Refractive index of the cladding
n_{core}	Refractive index of the core
P	Pressure
Δ	Core-Cladding relative refreactive index
μ	Poisson's ratio
$\Delta\varepsilon$	Change in strain
K	Gaga factor
Ƥ	Photo-elastic coefficient
ΔT	Temperatures change
$\mathcal{E}_{th}$	Thermal strain
$\mathcal{E}_{m}$	Mechanical strain
λ	Wavelength
$\Delta\lambda$	Wavelength Shift
W	Weight
g	ground acceleration
s	time
m	Mass
A	Surface area

LISTA DE ABREVIATURAS

MZM	Mach Zehnder Modulator
FBGs	Fiber Bragg Gratings
PZT	Piezoelectric Transducer
MMZI	Mach–Zehnder Interferometer
PMMA	Poly(methyl methacrylate)
DBR	Distributed Bragg Reflector
SMFs	Single Mode Fibers
SMS	Single mode–Multimode–Single-mode fiber
TCF	Twin-Core Fiber
MZI	Mach–Zehnder Interferometer
CTPS-MZI	Cascading Two Peanut-Shape- Mach–Zehnder Interferometer
PCF	Photonic Crystal Fiber
MI	Michelson interferometer
FPI	Fabry Perot Interferometer
SI	Sagnac Interferometers
OPD	Optical Path Differen
LPGs	long Period Fiber Gratings
EMI	Electromagnetic Interference
RFI	Radio Frequency
MM-SM-MM	Multimode-Single Mode-Multimode
MMF	Multimode Fibers
LD	Laser Diode

CAPÍTULO 1

1.1 Introdução geral

Um sensor é um dispositivo utilizado para determinar ou detetar o valor de uma variável química ou física de um sistema ou do ambiente do sistema. Existem muitos tipos de sensores, dependendo do princípio do seu funcionamento, tais como sensores mecânicos, sensores ópticos, sensores eléctricos... etc.

A indústria optoelectrónica deu origem a produtos como leitores de discos compactos, impressoras laser, leitores de códigos de barras e ponteiros laser. A indústria das comunicações por fibra ótica revolucionou literalmente a indústria das telecomunicações, proporcionando um melhor desempenho e ligações de telecomunicações mais fiáveis com um custo de largura de banda cada vez menor. Esta revolução está a transformar-se rapidamente numa rotina, à medida que as ligações de fibra ótica avançam progressivamente para a fibra até ao meio-fio e, finalmente, até ao domicílio, trazendo os benefícios da produção em grande volume para os utilizadores de componentes e uma verdadeira autoestrada da informação construída em vidro [1].

Nos sensores ópticos, a variação de uma das propriedades da luz aplicada (fase, polarização, frequência e intensidade) ou de uma das propriedades ópticas do material (índice de refração, atividade ótica...., etc.) é principalmente a variável que deve ser relacionada com a quantidade física em estudo. Os sensores de fibra ótica têm sido objeto de uma investigação considerável nos últimos 30 anos e os seus campos de aplicação estão a ser continuamente alargados em dois domínios principais, ou seja, como substituto direto dos sensores existentes e no desenvolvimento/implantação de sensores de fibra ótica em novas áreas. Até à data, os campos de aplicação mais importantes dos sensores de fibra ótica são as grandes estruturas compósitas e de betão, a indústria da energia eléctrica, a medicina, a deteção química e a indústria do gás e do petróleo. Uma vasta gama de parâmetros ambientais, como a posição, a vibração, a tensão, a temperatura, a humidade, a viscosidade, os produtos químicos, a pressão, a corrente, o campo elétrico e vários outros factores ambientais têm sido amplamente monitorizados [2,3].

A fibra ótica como meio de condução de ondas luminosas tem sido proposta e desenvolvida desde a década de 1960. No entanto, só na década de 1980 é que foi fabricada a primeira fibra de baixa perda à base de sílica para sistemas de comunicação ótica. Desde então, tem-se registado um desenvolvimento explosivo na comunicação por fibra ótica. Por outro lado, os componentes de fibra ótica, como as redes de Bragg em fibra (FBGs) e os interferómetros em fibra, também têm tido uma vasta aplicação no domínio da deteção ótica [4].

Os sensores de intensidade são os primeiros sensores de fibra ótica que foram desenvolvidos ainda antes de as fibras de baixa perda estarem disponíveis na década de 1970. Utilizavam feixes ou fibras individuais para medir a luz reflectida ou transmitida por um objeto. Esta tecnologia, que é elementar segundo os padrões actuais, proporcionava, no entanto, as vantagens da fibra ótica a um número limitado de aplicações. À medida que foram ficando disponíveis novas fibras, o desempenho dos sensores foi melhorando. A disponibilidade de cabos de fibra única duráveis permitiu a utilização de sistemas ópticos eficientes e de sensores em miniatura. Para além de sistemas simples de reflexão e transmissão, foram exploradas técnicas de seguimento de franjas, microflexão, reflexão total e fotoelástica. O progresso em direção a sensores práticos de fibra ótica foi rápido [5].

1.2 Pesquisa bibliográfica

Muitos investigadores no domínio do modulador mach-zender estudaram e desenvolveram

D.Davies 1974 foi o primeiro a propor a modulação de fase. Ele utilizou um modulador PZT (Piezoelectric Transducer), que é um mecanismo de funcionamento como uma tensão mecânica dinâmica da fibra ótica [2].

Em 1977, J.Bucaro et al. utilizaram um interferómetro Mach-Zender de fibra ótica para medir a pressão das ondas acústicas [6].

S. Kingsley 1978 mediu as sensibilidades à pressão. Encontrou uma sensibilidade à pressão de 6,4 red/m de comprimento de interação por bar de pressão para os moduladores de fase de fibra ótica de modo único em vidro de sílica e de 4,4 rad/m de comprimento de interação por bar de pressão para os moduladores de fase de fibra ótica de modo único em vidro de borossilicato [7].

B.Udiansky et al. 1979 estudaram o efeito do revestimento da fibra ótica num sensor de pressão, no mesmo ano G.B Hocke utilizou o deslocamento nas franjas de interferência como relacionado com as mudanças de fase com a pressão hidrostática aplicada para testar o braço no interferómetro Mach-Zender de fibra ótica [8, 9].

W. Spillman e D.McMahan 1982, utilizaram a fibra ótica como meio de transmissão e construíram um sensor de pressão. Este sensor baseava-se na formação de birrefringência num pedaço de sílica de um material sensível à tensão quando uma luz circularmente polarizada passa através da cabeça de deteção [10].

Y.Mihira 1985 utilizou a tensão diretamente na fibra ótica para medir as constantes fotoelásticas do material da fibra. O índice de refração da fibra utilizada variou em função da tensão aplicada [11].

K. Hajim, R. Yousif e K. Naimee, em 1990, utilizaram as propriedades optomecânicas do poli (metacrilato de metilo) (PMMA) num sensor de pressão extrínseco de fibra ótica, que se baseia na modulação da intensidade [12].

Z. He, A.Bouzid e M. Abushagur 1992 utilizaram fibras ópticas monomodo para medir a pressão estática anisotrópica. Mostram que a pressão anisotrópica altera o estado de polarização da luz transmitida através de uma fibra monomodo. O que mostrou que é possível detetar a isotropicidade na pressão detectada [13].

- *X.Xie et al.* **2003,** [14] utilizaram uma nova configuração de modulador de intensidade eletro-ótica baseada num interferómetro Mach-Zehnder com ressoadores em anel acoplados a cada braço, esta configuração oferece uma grande melhoria na linearidade da modulação sem necessidade de um controlo elétrico complicado e preciso.
- **L. Yuan e J.Yang 2003,** [15] propuseram um novo sistema de deteção de fibra ótica interferométrica de luz branca em tandem Mach-Zehnder e Fizeau multiplexado que permite a medição do comprimento absoluto em matrizes de sensores reflectores remotos. As características dos sinais reflectivos dos sensores foram analisadas e a relação entre a

potência dos sinais luminosos e o número total de sensores foi dada para avaliação do potencial de multiplexagem. Experimentalmente, foi demonstrado um conjunto de três sensores.

- **L.Shao et al. 2007** [16] apresentam um sensor de tensão e temperatura de alta resolução utilizando um laser polarimétrico de fibra com Refletor de Bragg Distribuído (DBR). Nesta investigação, foi efectuada a medição do comprimento de onda do laser e da frequência de batimento da polarização. O laser de fibra DBR funcionou de forma robusta em duas polarizações ortogonais. O laser de fibra DBR é um candidato promissor para a deteção incorporada, particularmente adequado para aplicações em estruturas inteligentes. O comprimento de onda médio e a frequência de batimento de polarização da saída do laser são utilizados para determinar a tensão e a temperatura do sensor. Os resultados experimentais mostram que o sensor tem a capacidade de detetar a deformação e a temperatura simultaneamente, com desvios quadrados médios de 9,3 με e 0,05deg C.
- *Z.Tian* **et al. 2008,** [17] utilizaram um interferómetro Mach-Zehnder baseado na concatenação de dois cones de fibra monomodo. Construíram um novo tipo de interferómetro MZ baseado numa estrutura de dois cones em SMF. A relação de extinção máxima do interferómetro era grande (mais de 20 dB), enquanto a perda de inserção era pequena (3 dB). Além disso, a facilidade de fabrico torna-o de baixo custo em comparação com as aplicações de deteção existentes.
- *S.Feng et* **al.** 2009, [18] utilizaram um interferómetro Mach-Zehnder compacto na fibra utilizando uma fibra de núcleo duplo (TCF) entre duas fibras monomodo (SMFs), Propuseram e demonstraram que, neste sensor, o desvio para o lado do comprimento de onda mais longo é observado com uma sensibilidade de cerca de 0,037 nm/°C para o aumento da temperatura, enquanto o desvio para o lado do comprimento de onda mais curto é observado com uma sensibilidade de cerca de 0,866 pm/ps para alterações da tensão aplicada.
- **Hatta et al. 2010,** [19] utilizaram um sensor de deformação baseado num par de estruturas de fibra de modo único-multimodo-modo único (SMS) e descobriram que, com um comprimento de onda de 1539nm, para a medição da deformação de 0 a 1000με num intervalo de temperatura de 10°C a 40°C, o SMS-1 pode fornecer uma resolução de medição da deformação de 0,34 με. com um erro de medição da deformação induzido pela temperatura de 84,3 με a 500 ps. O SMS-2 pode fornecer uma resolução de medição de temperatura de 0,14°C. Utilizando o SMS-1 e o SMS-2 na configuração proposta, o erro de medição da deformação induzida pela temperatura pode ser reduzido significativamente para 0,39 με.
- **Q.Wu et al. 2010,** [20] utilizaram a estrutura de fibra SMS. Eles relataram um estudo experimental de um sensor de fibra SMS para medir simultaneamente o deslocamento e a temperatura. Medindo as deslocações espectrais do comprimento de onda de pico e as variações de potência de pico, a deslocação e a temperatura podem ser determinadas de forma independente com uma sensibilidade demonstrada à deslocação de 16,14 pm/με e uma sensibilidade à temperatura de 10,16 pm/°C.
- **L. Jianget et al. 2011,** [21] propuseram e fabricaram um sensor de alta temperatura

baseado num Interferómetro Mach-Zehnder (MZI) numa fibra ótica monomodo convencional, concatenando duas micro cavidades separadas por uma secção intermédia. Um laser de femto-segundo é utilizado para fabricar um microfuro no centro de uma extremidade da fibra. Em seguida, forma-se uma micro-cavidade de ar unindo a extremidade da fibra com microfuros a uma extremidade de fibra normal. O interferómetro é aplicado na deteção de altas temperaturas, na gama de 500-1200 °C, com uma sensibilidade de 109 pm/°C.

- **Di. Wu et al. 2012,** [22] formaram o Interferómetro Mach-Zehnder (MZI) através da ligação em cascata de duas estruturas em forma de amendoim na fibra monomodo (CTPS-MZI), mostrando que a estrutura em forma de amendoim pode excitar os modos de revestimento e reacoplar os modos de revestimento ao modo de núcleo pela primeira vez. Assim, foi fabricado um MZI simples e de baixo custo baseado nas duas estruturas em forma de amendoim. As características de temperatura e deformação são investigadas. Os resultados experimentais mostram que o CTPS-MZI tem uma sensibilidade linear à temperatura de 46,8 pm/ °C e uma sensibilidade linear à deformação de 1,4 pm/με com o comprimento do interferómetro L=22mm.
- **F.Xuet al.** 2012, [23] fabricaram um novo sensor de tensão insensível à temperatura, baseado num interferómetro Mach-Zehnder em linha, concatenando dois cones de fibra com cintura alargada separados por um pequeno pedaço de fibra de cristal fotónico. O espetro de interferência do sensor proposto é analisado em pormenor. Os resultados experimentais demonstram que este sensor tem uma sensibilidade à deformação de 3,02 pm/ps e mantém a caraterística de insensibilidade à temperatura. O sensor proposto tem um grande potencial em diversas aplicações de deteção devido às suas vantagens, tais como o seu tamanho compacto, baixo custo e processo de fabrico simples.
- **A. Jasim et al. 2013,** [24] utilizaram o Interferómetro Mach-Zehnder (MMZI) em linha de microfibra para deteção de altas temperaturas. Utilizaram um novo método para fabricar MMZI em linha de fibra, utilizando a técnica de escovagem com chama. O interferómetro fabricado, com um comprimento de 40 mm, foi utilizado para demonstrar um sensor de alta temperatura, monitorizando o mergulho de interferência dos espectros de interferência registados. A sensibilidade à temperatura do dispositivo é obtida a 13,4 pm/C° com uma excelente linearidade devido à diferença de dependência termo-ótica do núcleo da fibra e do revestimento de ar.
- **J.Zhcngct et al. 2013,** [25] fabricaram sensores de deformação de interferómetro Mach-Zehnder a partir de pedaços de fibra de cristais fotónicos (PCF) unidos a fibras monomodo padrão com diferentes comprimentos. A elevada sensibilidade à deformação de 2,1 pm/ps a 1550 nm é alcançada com um comprimento de 45 mm. A interferência é induzida pelo modo do núcleo e pelo modo do núcleo de ordem elevada devido à estrutura especial de orifícios de ar da PCF, que é independente do índice de refração circundante. A sensibilidade à temperatura (~ 13,24 pm/°C) é relativamente baixa. Esta estrutura é boa para evitar a sensibilidade cruzada na medição da deformação e é fabricada com um processo simples e de baixo custo.
- **J. Zhou et al. 2014,** [26] demonstraram um novo Interferómetro Mach-Zehnder (MZI)

em linha de fibra com uma grande visibilidade de franja de até 17 dB, que foi fabricado através da emenda desalinhada de uma secção curta de fibra de núcleo fino entre duas secções de fibra monomodo padrão e temperatura por meio de diferentes métodos de desmodulação. Além disso, o sensor proposto apresenta as vantagens de baixo custo, estrutura extremamente simples, tamanho compacto e boa repetibilidade.

- Nesta tese, o primeiro método de dois braços separados de MZM foi baseado na pesquisa de G.B Hocke, como o seu trabalho, usamos o deslocamento nas franjas de interferência como relacionado com mudanças na pressão aplicada para testar o braço no interferómetro Mach-Zender de fibra ótica, também usamos a mesma fonte de luz que é o laser He-Ne. O segundo método de MZM em linha é baseado no trabalho de Q.Wu etal. 2010, que utilizámos em relação aos seus trabalhos sobre a estrutura SMS e a medição dos desvios espectrais do comprimento de onda de pico e das variações da potência de pico, a fonte de luz que utilizámos é de 847 nm, o que é diferente do trabalho de Q.wu, que utilizou uma fonte de luz de 1575 nm.

1.3 Objetivo do trabalho

Esta tese tem como objetivo conceber e avaliar um sensor de deformação utilizando dois métodos de MZM e mostrar os resultados matemáticos e experimentais destes métodos, bem como fabricar dois braços separados no MZM e o esquema de MZM em linha, que são concebidos através da fusão de duas extremidades da MMF a duas SMFs.

1.4 Apresentação da tese

Esta tese está organizada em cinco capítulos. No capítulo um, é feita uma introdução ao tema da tese, o levantamento da literatura e o objetivo do trabalho. No capítulo dois, é feita uma introdução aos tipos de sensores de fibra ótica e ao princípio de funcionamento dos sensores de fibra ótica. Em seguida, o capítulo três contém uma introdução ao tipo e à teoria do modulador mach- zehnder. No capítulo quatro é feita uma explicação do trabalho experimental. No capítulo cinco apresenta-se o resultado e a discussão. Finalmente, no capítulo seis são apresentadas as conclusões e sugestões para trabalhos futuros.

CAPÍTULO 2

2.1 Introdução

Este capítulo fornece o sensor de fibra ótica, o tipo, a vantagem e a aplicação do sensor de fibra ótica. Os métodos ópticos estão entre as técnicas mais bem estabelecidas para a deteção de análises.

A instrumentação para medições ópticas é geralmente constituída por uma fonte de luz, um conjunto de componentes ópticos para gerar um feixe de luz com características específicas e dirigir essa luz para um agente modulador, e um fotodetector para processar o sinal ótico. A parte central de um sensor ótico é o componente modulador [28].

As fibras ópticas são frequentemente sujeitas a efeitos mecânicos, tais como estiramento, flexão, torção e pressão, podendo algumas delas ser utilizadas como sensores de deformação.

Durante os últimos anos, muitos laboratórios entraram neste domínio, o que resultou num rápido progresso da capacidade dos sensores de fibra ótica para substituir os sensores tradicionais de rotação, aceleração, medição de campos eléctricos e magnéticos, temperatura, pressão, acústica, vibração, posição linear e angular, deformação, humidade, viscosidade, medições químicas e uma série de outras aplicações de sensores [27].

Os sensores ópticos baseiam-se normalmente em fibras ópticas ou em guias de ondas planas. De um modo geral, existem três métodos distintos para a deteção ótica quantitativa em superfícies:

1. A análise afecta diretamente as propriedades ópticas de uma guia de ondas, tais como as ondas evanescentes (ondas electromagnéticas geradas no meio exterior à guia de ondas ótica quando a luz é reflectida a partir do seu interior) ou os plasmões de superfície (ressonâncias induzidas por uma onda evanescente numa película fina depositada na superfície de uma guia de ondas).
2. Uma fibra ótica é utilizada como um transdutor simples para guiar a luz até um alvo remoto e devolver a luz deste ao sistema de deteção. As alterações das propriedades ópticas intrínsecas do próprio meio são detectadas por um espetrofotómetro externo.
3. Um indicador ou reagente químico colocado dentro ou sobre um suporte polimérico perto da ponta da fibra ótica é utilizado como mediador para produzir um sinal ótico observável. Normalmente, são utilizadas técnicas convencionais, como a espetroscopia de absorção e a fluorimetria, para medir as alterações no sinal ótico[28].

2.2 Noções básicas de fibra ótica

Uma fibra ótica é composta por três partes: o núcleo, a camada de revestimento e o revestimento ou tampão. A estrutura básica é mostrada na figura (2.1). O núcleo é uma barra cilíndrica de material dielétrico e é geralmente feito de vidro. A luz propaga-se principalmente ao longo do núcleo da fibra [29]:

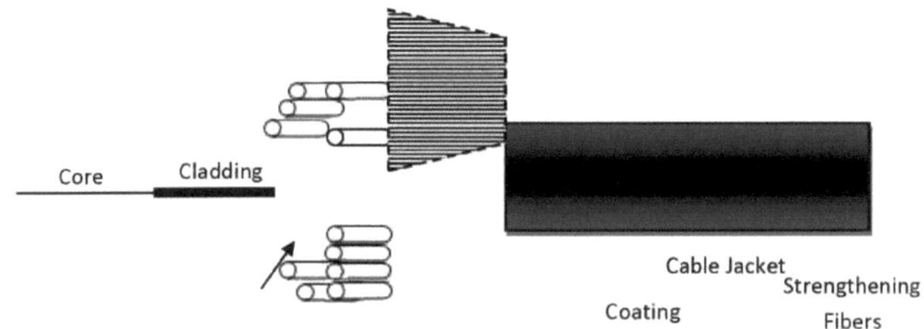

Figure (2(1) Estrutura básica de uma fibra ótica

A camada de revestimento é feita de um material dielétrico com um índice de refração. O índice de refração do material de revestimento é inferior ao do material do núcleo. O revestimento é geralmente feito de vidro ou plástico. O revestimento desempenha funções como a diminuição da perda de luz do núcleo para o ar circundante, a diminuição da perda por dispersão na superfície do núcleo, a proteção da fibra contra a absorção de contaminantes da superfície e a adição de resistência mecânica. O revestimento ou tampão é uma camada de material utilizada para proteger uma fibra ótica de danos físicos. O material utilizado para um tampão é um tipo de plástico. O tampão é elástico por natureza e evita abrasões [30].

O princípio de condução da luz ao longo da fibra baseia-se na "reflexão interna total". O ângulo em que ocorre a reflexão interna total é designado por ângulo crítico de incidência. Em qualquer ângulo de incidência, superior ao ângulo crítico, a luz é totalmente reflectida de volta para o meio de vidro, como mostra a figura (2.2). O ângulo crítico de incidência é determinado através da Lei de Snell. A fibra ótica é um exemplo de guia de ondas electromagnéticas de superfície [31].

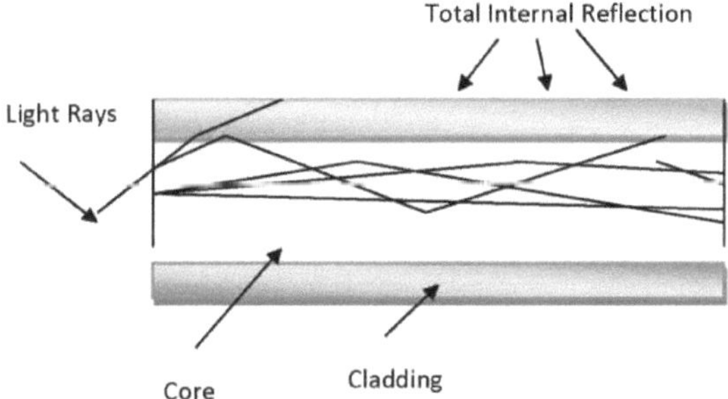

Figure (2(2) Reflexão interna total numa fibra ótica

2.3 Composições dos sensores de fibra ótica

Como se mostra na figura (2.3), um sistema de sensores de fibra ótica é constituído por uma fonte ótica (laser, LED, díodo laser, etc.), uma fibra ótica, um elemento sensor ou modulador que transporta a medida para um sinal ótico, um detetor ótico e uma eletrónica de processamento (osciloscópio, analisador de espetro ótico, etc.).

O advento do laser abre um novo mundo aos investigadores em ótica. As fontes de luz utilizadas para suportar sensores de fibra ótica produzem luz que é frequentemente dominada por emissão espontânea ou estimulada. Uma combinação de ambos os tipos de emissão é também utilizada para certas classes de sensores de fibra ótica[32].

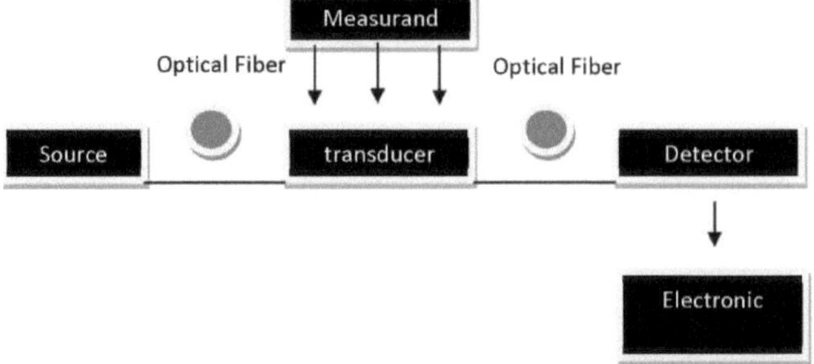

Figure (2(3) Componentes básicos de um sistema de sensores de fibra ótica

2.4 Tipo de sensores de fibra ótica

Os sensores de fibra ótica são frequentemente agrupados em duas classes básicas designadas por sensores de fibra ótica extrínsecos, ou híbridos, e sensores intrínsecos, ou exclusivamente de fibra ótica. A figura (2.4) ilustra o caso de um sensor de fibra ótica extrínseco. Neste caso, uma fibra ótica conduz a uma "caixa negra" que imprime informação no feixe de luz em resposta a um efeito ambiental. A informação pode ser impressa em termos de intensidade, fase, frequência, polarização, conteúdo espetral ou outros métodos. Uma fibra ótica transporta então a luz com a informação impressa ambientalmente de volta a um processador ótico e/ou eletrónico. Em alguns casos, a fibra ótica de entrada actua também como fibra de saída [33].

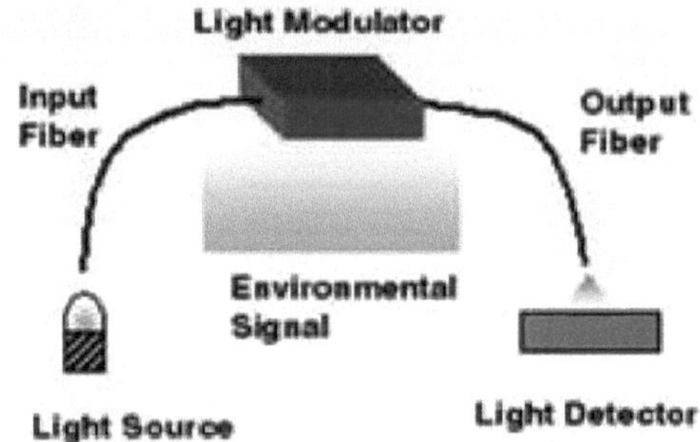

Figure (2(4) Sensores de fibra ótica extrínsecos [31]

O sensor intrínseco ou totalmente em fibra mostrado na Figura (2.5) utiliza uma fibra ótica para transportar o feixe de luz, e o efeito ambiental imprime informação no feixe de luz enquanto este se encontra na fibra. Cada uma destas classes de fibras tem, por sua vez, muitas subclasses com, nalguns casos, subclasses que consistem num grande número de sensores de fibra[34]

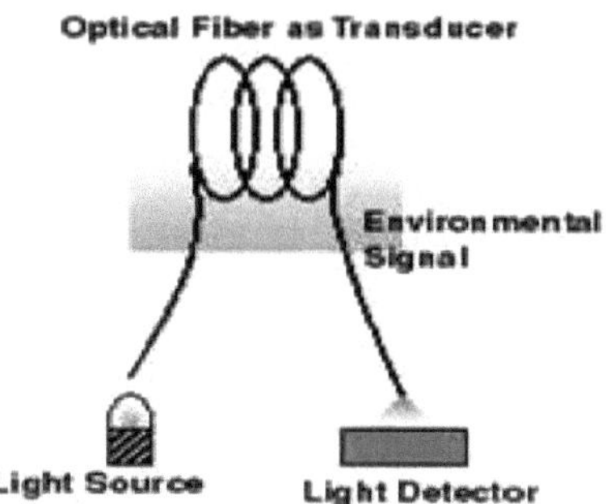

Figure (2(5) Sensores de fibra ótica intrínsecos [31]

Além disso, os sensores de fibra ótica também podem ser classificados em três categorias [32], o local de deteção, o princípio de funcionamento e a aplicação, como se pode ver na tabela (2.1). Se todos os mecanismos de deteção ocorrerem dentro da própria fibra, o sensor é classificado como intrínseco. Neste tipo de sensor, a fibra funciona tanto como meio de transmissão como elemento de deteção. Um parâmetro externo induz uma alteração nas propriedades de orientação da luz da fibra, que é detectada e desmodulada para produzir medidas e informações [35].

Tabela (2.1): Classificação dos sensores de fibra ótica em três categorias [32]

Category	Class	Trait
sensing location	point sensors	with a sensitized tip in the measurand field
	distributed sensors	to measure along the length of the fiber itself
	quasi-distributed sensors	"in between" point and distributed sensors
operating principle	intensity sensors	
	phase sensors	
	frequency sensors	
	polarization sensors	
Application	physical sensors	for temperature, stress, velocity, etc.
	chemical sensors	for pH, gas analysis, spectroscopic studies, etc.
	bio-medical sensors	for blood flow, glucose content, etc

Nos sensores extrínsecos, a fibra não desempenha qualquer papel no mecanismo de deteção e serve apenas para levar a luz de e para um meio externo onde é modulada. O meio externo pode variar desde cristais ópticos especiais até ao ar [35].

2.4.1 Sensores baseados na intensidade

A modulação da intensidade induzida pela microflexão em fibras multimodo é considerada um mecanismo de transdução para detetar alterações ambientais como a pressão, a temperatura, a aceleração, os campos magnéticos e eléctricos. Trata-se de um dos mais antigos sensores de fibra ótica. A microcurvatura é provocada por variações espaciais na camada da fibra ótica, que induzem o acoplamento entre os modos da fibra. Parte do acoplamento é com modos radiativos. Quando uma microcurvatura periódica é induzida ao longo do eixo da fibra, a luz é acoplada entre os modos e ocorre a transferência de energia [36].

2.4.2 Sensores de pressão com modulação de polarização:

Dois tipos de sensores de pressão com modulação de polarização baseados no efeito fotoelástico e no efeito Faraday. Os sensores baseados no efeito Faraday são utilizados para medir campos eléctricos ou magnéticos, sendo a aplicação típica a medição da corrente eléctrica. O efeito Faraday refere-se à rotação do plano de polarização de uma onda linearmente polarizada que viaja através de um meio no qual é aplicado um forte campo magnético ao longo da direção de propagação. A quantidade de rotação é proporcional ao campo magnético aplicado e ao tempo de interação. Matematicamente, a rotação é calculada pela seguinte fórmula:

$$\theta = V \int H \, dt \qquad \text{......... (2-1)}$$

Onde θ é a rotação do plano de polarização, H é o campo magnético aplicado e V é chamado de constante de Verde [37]. Por outro lado, os sensores de fibra fotoelástica são naturalmente adequados para serem transformados em sensores de pressão porque o efeito fotoelástico transfere diretamente a pressão aplicada para a alteração da propriedade de polarização no meio ótico. Embora a própria fibra de vidro de sílica exiba um efeito fotoelástico muito fraco, os cristais ópticos externos são frequentemente utilizados como elemento sensor para um melhor controlo e uma medição mais precisa. O primeiro sensor de pressão de fibra ótica baseado no efeito fotoelástico foi introduzido em 1982 por Spillman [38]

2.4.3 Sensor de pressão interferométrico: (sensores de modulação de fase):

Até à data, foram desenvolvidos quatro tipos de sensores interferométricos de pressão em fibra, nomeadamente o interferómetro de Michelson (MI), o interferómetro de Mach-Zehnder (MZI), o interferómetro de Fabry Perot (FPI) e os interferómetros de Sagnac (SI). Nos interferómetros MZI, MI e SI, a luz incidente é dividida em dois braços por um divisor de fibra e depois recombinada por um combinador de fibra. Para os interferómetros Fabry-Perot (FPI), são necessários dois espelhos paralelos separados para refletir parcialmente os sinais ópticos de entrada [39].

O tipo mais sensível de sensores ópticos é o sensor de pressão interferométrico (sensores de modulação de fase).

$$\emptyset = KnL \quad \ldots\ldots\ldots (2.2)$$

Onde k é a constante de propagação, L é o caminho ótico e n é o índice de refração. A variação de n ou de L resulta em alterações de fase, que são realizadas por interferómetros ópticos. Os interferómetros Mach-zender, Sagnac Michelson e Fabry-perot têm sido utilizados com sensores ópticos baseados na modulação de fase. Podem ser construídos sensores em fibras ópticas extrínsecas e intrínsecas. O princípio do interferómetro Mach-Zehndr e a estrutura deste interferómetro são apresentados na parte experimental, sendo este dispositivo utilizado para detetar a pressão.

2.5 Sensores interferométricos de fibra ótica

Os sensores interferométricos de fibra ótica têm sido amplamente utilizados na deteção de vários parâmetros físicos, incluindo o índice de refração, a pressão, a tensão e a temperatura. Um interferómetro de fibra ótica utiliza a interferência entre dois feixes que se propagaram através de caminhos ópticos diferentes de uma única fibra ou de duas fibras diferentes. Por isso, requerem componentes de divisão e combinação de feixes em qualquer configuração [40]

Um dos caminhos ópticos afectados por perturbações externas. Os sensores interferométricos de fibra ótica podem ser classificados em quatro tipos: Fabry-Perot, Mach-Zehnder, Michelson e Sagnac.

2.5.1 Sensor de Interferómetro Fabry-Perot

O Interferómetro de Fabry-Perot (FPI), por vezes designado por Fabry-Perot etalon, em homenagem aos físicos franceses Charles Fabry e Alfred Perot, é composto por duas superfícies reflectoras paralelas RI e R2 separadas por uma certa distância L, como mostra a figura (2.6). A interferência é causada por ondas reflectidas sucessivamente entre as duas superfícies paralelas [41].

Os interferómetros Fabry-Perot de fibra são extremamente sensíveis a perturbações que afectam o comprimento do caminho ótico entre os dois espelhos. Ao contrário de outros interferómetros de fibra (Mach-Zehnder, Michelson, Sagnac) utilizados para a deteção, o Fabry-Perot não contém acopladores de fibra - componentes que podem complicar a instalação do sensor e a interpretação dos dados. Os interferómetros Fabry-Perot são amplamente utilizados em telecomunicações, lasers e espetroscopia para controlar e medir o comprimento de onda da luz [33].

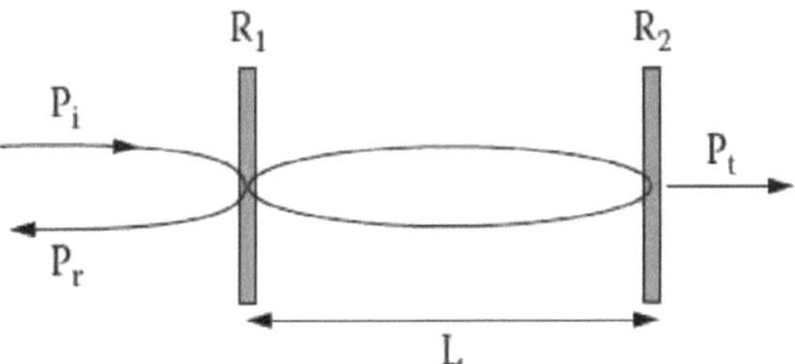

Figure (2(6) Interferómetro de Fabry-Perot, sendo Pi;Pr, e Pt a potência ótica incidente, reflectida e transmitida, respetivamente [33],

6.5.2 Sensor de Interferómetro Sagnac

Os interferómetros de Sagnac (Sis) são de grande interesse em várias aplicações de deteção devido às suas vantagens de fácil fabrico e estrutura simples. O interferómetro de Sagnac utiliza o efeito de Sagnac. O efeito Sagnac é a diferença de fase induzida pela rotação. Um SI consiste num loop de fibra ótica, ao longo do qual se propagam dois feixes em direcções opostas com diferentes estados de polarização. Tal como ilustrado na figura (2.7), a luz de entrada é dividida em duas direcções por um acoplador de fibra de 3 dB e os dois feixes de contra-propagação são novamente combinados no mesmo acoplador. Ao contrário de outros interferómetros de fibra ótica, a diferença de caminho ótico (OPD) é determinada pela velocidade de propagação dependente da polarização do modo guiado ao longo do circuito [42]

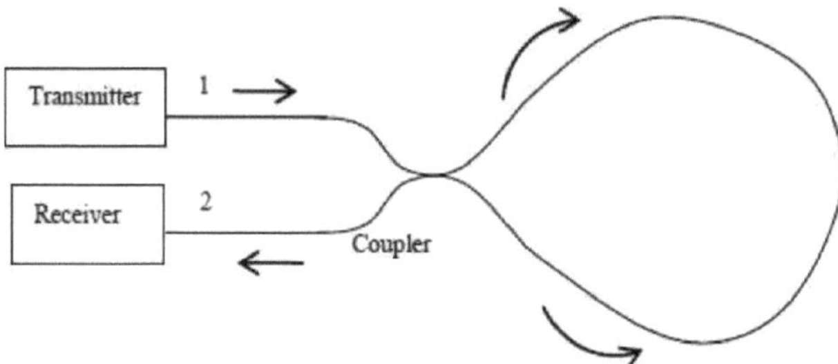

Figure (2(7) Sensor de Interferómetro de Sagnac[34]

2.5.3 Sensores de Interferómetro Mach-Zehnder

Os interferómetros de Mach-Zehnder (MZIs) têm sido vulgarmente utilizados em aplicações de deteção devido às suas configurações flexíveis. O MZI é um sensor intrínseco baseado na interferência entre uma onda de deteção e uma onda de referência. O princípio e a estrutura deste interferómetro são apresentados no capítulo três.

Os primeiros MZIs tinham dois braços independentes, que são o braço de referência e o braço de deteção. A fonte de luz era dividida em dois caminhos por um acoplador de fibra e depois recombinada por outro acoplador de fibra. A fibra de referência é mantida protegida da perturbação desejada a ser medida e a luz passa normalmente por este trecho. A fibra de deteção é utilizada para monitorizar a perturbação. Duas saídas complementares estão disponíveis para o processamento do sinal [32].

2.5.4 Sensor de Interferómetro Michelson (Mis)

Um interferómetro de Michelson é fabricado ligando dois pedaços de fibras ao acoplador de fibras e fixando um espelho refletor a 100%, como mostra a figura (2.8). Os sensores de fibra ótica baseados em interferómetros de Michelson são muito parecidos com os MZIs. De facto, um MI é como uma metade de um MZI em termos de configuração. Assim, o método de fabrico e o princípio de funcionamento dos MI são praticamente os mesmos que os MZI. Neste interferómetro, um campo ótico é dividido em duas partes num acoplador de fibra, cada parte adquire um desvio de fase e as duas partes recombinam-se interferometricamente no acoplador, ou seja, o mesmo acoplador é utilizado para dividir e combinar os campos ópticos nesta interferometria [42,43].

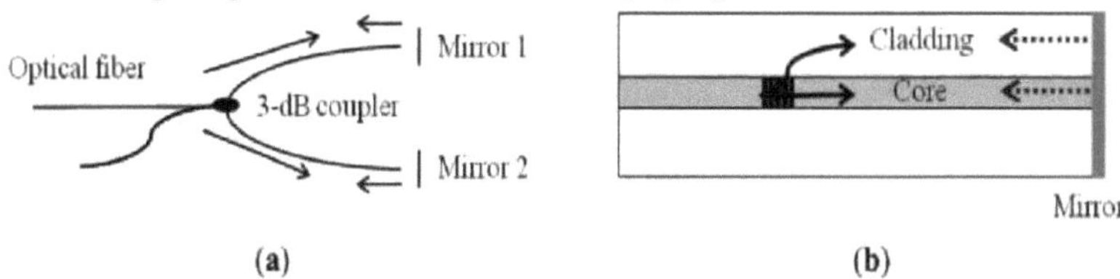

Figure (2(8) Sensor de interferómetro de Michelson, (a) configuração básica de um interferómetro de Michelson e (b) esquema de um interferómetro de Michelson em linha compacto [42]

2.6 Vantagens dos sensores de fibra ótica

Em comparação com outros tipos de sensores, os sensores de fibra ótica de deformação oferecem as seguintes vantagens [44]:

- O sinal detectado é imune a interferências electromagnéticas (EMI) e a interferências de radiofrequência (RFI).
- Intrinsecamente seguro em ambientes explosivos;
- Altamente fiável e seguro, sem risco de incêndio/faísca;
- Pequeno volume e peso reduzido.
- Ambientes extremamente agressivos, como temperaturas >800°C ou tão baixas como alguns Kelvin.
- Design barato e fácil

2.7 Aplicações dos sensores de fibra ótica de deformação

- Monitorização em tempo real de estruturas de engenharia civil
- Monitorização estrutural de aeronaves, tanto em voo como em terra
- Instrumentação dos robots utilizados a bordo da estação espacial internacional
- Ensaio e análise de motores de foguetões sólidos
- Instrumentação de estruturas inteligentes
- Orientação e controlo aeroespaciais em fibra
- Controlo industrial
- Localização de danos em estruturas civis, mecânicas e aeroespaciais
- Embutimento em estruturas de betão [45]

CAPÍTULO 3

3.1 Introdução

Este capítulo apresenta uma descrição dos princípios fundamentais de funcionamento de um modulador Mach-Zehnder. Serão explicadas as vantagens e os efeitos físicos que permitem a modulação de alta velocidade da fase ótica no interferómetro de Mach-Zehnder (MZI). Devido à necessidade de funcionamento a alta velocidade, será feita uma introdução às regras básicas de conceção dos eléctrodos de onda progressiva, com especial ênfase na aplicação de cargas capacitivas segmentadas.

3.2 Modulador Mach-Zehnder

Os moduladores ópticos são utilizados para controlar eletricamente a amplitude de saída ou a fase da onda de luz que passa através do dispositivo. Para reduzir o tamanho do dispositivo e a tensão de acionamento, os moduladores baseados em guias de onda são utilizados em aplicações de comunicação.

Para controlar as propriedades ópticas com um sinal elétrico externo, é utilizado o efeito electro-ótico, ou efeito de Pockels, em que a birrefringência do cristal se altera proporcionalmente ao campo elétrico aplicado. Uma alteração do índice de refração resulta numa alteração da fase da onda que atravessa o cristal. Se combinarmos duas ondas com alterações de fase diferentes, podemos obter interferometricamente uma modulação de amplitude [45].

Uma das disposições mais sensíveis para um sensor de fibra ótica é a disposição do sensor interferométrico Mach-Zehnder (MZ). A luz de um laser é passada através de um acoplador de fibra ótica, que divide o feixe de luz de entrada em dois feixes de igual amplitude nos dois braços de fibra monomodo. Um dos braços, chamado braço de referência, é mantido isolado de qualquer perturbação externa. A fibra deste braço é por vezes revestida com um material que a torna insensível ao parâmetro a medir. O outro braço, chamado braço de deteção, é exposto à perturbação a ser medida. Depois de atravessar os dois braços, os feixes de luz são recombinados no acoplador de saída. Qualquer parâmetro externo, como a temperatura ou a pressão, afecta a fibra de deteção, alterando o índice de refração ou o comprimento do braço, alterando assim a diferença de fase entre os dois feixes à medida que entram no acoplador de saída [37,46].

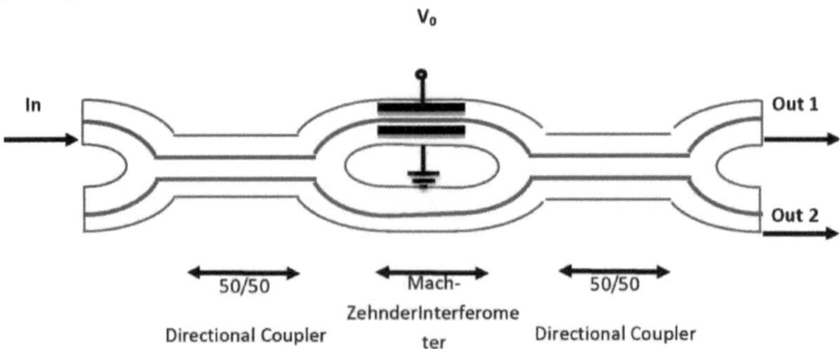

Figura 3.1: Desenho esquemático do modulador Mach-Zehnder.

3.3 Interferómetro Mach-Zehnder

O interferómetro de Mach-Zehnder (MZI) é um dispositivo utilizado para determinar as variações relativas do desvio de fase entre dois feixes colimados derivados da divisão da luz de uma única fonte. O interferómetro tem sido utilizado, entre outras coisas, para medir os desvios de fase entre os dois feixes causados por uma amostra ou por uma alteração do comprimento de uma das trajectórias. Tem sido vulgarmente utilizado em diversas aplicações de deteção devido às suas configurações flexíveis [47].

Os primeiros interferómetros Mach-Zehnder tinham dois braços independentes, que são o braço de referência e o braço de deteção, como ilustrado na figura 3.2. Uma luz incidente é dividida em dois braços por um acoplador de fibra e depois recombinada por outro acoplador de fibra. A luz recombinada tem a componente de interferência de acordo com a OPD entre os dois braços.

Para aplicações de deteção, o braço de referência é mantido isolado da variação externa e apenas o braço de deteção é exposto à variação. Assim, a variação no braço de deteção induzida por factores como a temperatura, a tensão e a RI altera a OPD do MZI, que pode ser facilmente detectada através da análise da variação do sinal de interferência [42].

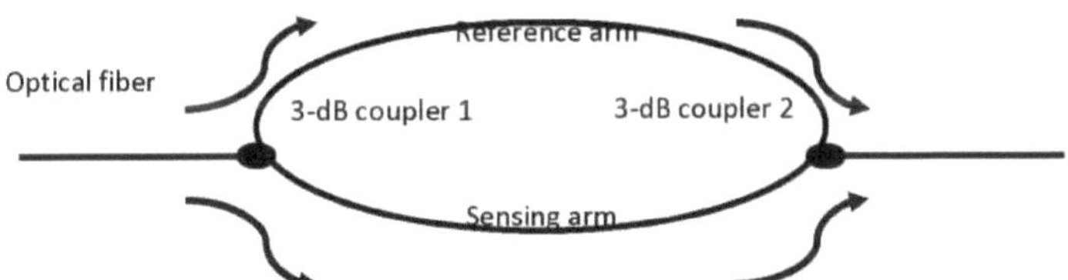

Figura 3.2 O esquema de um MZI.

3.4 Tipo de Interferómetro Mach-Zehnder

O esquema de utilização de dois braços separados nos MZIs foi rapidamente substituído pelo esquema do interferómetro de guia de ondas em linha desde o advento das grelhas de fibras de período longo (LPGs). A maioria dos MZI em linha de fibra ótica baseia-se na interferência multimodo. A parte de revestimento de uma SMF é uma guia de ondas multimodo, pelo que o número de modos de revestimento que envolvem o MZI é, em geral, superior a um [42].

Configuração de vários tipos de MZI; os métodos de utilização de: um par de LPGs, desajuste do núcleo, colapso do orifício de ar da PCF, segmento MMF, SMF de núcleo pequeno e afunilamento da fibra são mostrados abaixo:

3.4.1 Método do par de grelhas de fibra de período longo (LPGs)

Um método que utiliza um par de grelhas de fibras de período longo (LPG), ilustrado na figura 3.3. Uma parte do feixe guiado como modo do núcleo de uma SMF é acoplada aos modos de revestimento da mesma fibra por uma LPG e, em seguida, reacoplada ao modo do núcleo por outra LPG. Este MZI tem os mesmos comprimentos físicos no braço de referência e no braço de deteção, mas tem diferentes comprimentos de percurso ótico devido à dispersão modal; o feixe do modo de revestimento tem um índice efetivo inferior ao do feixe do modo de núcleo.

Figura 3.3 Configuração dos MZIs, um par de GPLs.

3.4.2 Método de incompatibilidade de núcleo

Um desajuste de núcleo é outro tipo de MZI; é uma forma de dividir um feixe entre o núcleo e os modos de revestimento de uma fibra, unindo duas fibras com um pequeno desvio lateral, como se mostra na Figura (3.4). Devido ao desvio, uma parte do feixe do modo de núcleo é acoplada a vários modos de revestimento sem ser fortemente afetada pelo comprimento de onda. Mesmo com PCF, é possível formar um MZI através da simples fusão de um pedaço de PCF entre fibras com um pequeno desvio intencional. O método de desvio é económico e rápido em comparação com o método do par LPG. Além disso, podemos utilizar qualquer comprimento de onda para a operação. Naturalmente, o número de modos de revestimento envolvidos e a perda de inserção podem ser controlados ajustando a quantidade de desvio.

Figure 3.4: Configuração de MZIs, incompatibilidade de núcleos.

3.4.3 Método SMF de núcleo pequeno

Neste método, a cabeça de deteção é uma configuração de fibra multimodo-single modemultimode (MM-SM-MM) formada pela união de uma secção de fibra monomodo não revestida (SMF) com duas secções curtas de fibras multimodo (MMF). Devido ao desfasamento do campo de modo nos pontos de emenda da SMF com 2 secções de MMFs, bem como à correspondência de índices entre o núcleo da MMF e o revestimento da SMF, a potência ótica da fibra de entrada pode ser parcialmente acoplada aos modos de revestimento da SMF através da MMF. Os modos de revestimento da SMF voltam então a ser acoplados à fibra de saída, da mesma forma. Devido à diferença de índice efectiva entre os modos do núcleo e do revestimento, foi obtido um padrão de interferência no espetro de transmissão do dispositivo proposto. A Figura 3.5 mostra métodos de utilização de SMF com núcleo pequeno [48].

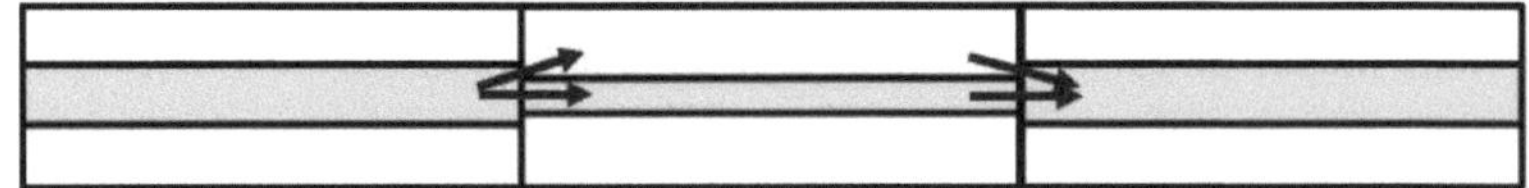

Figure 3.5: onfiguração de MZIs, os métodos de utilização de SMF de núcleo pequeno, (MM-SM MM).

3.4.4 Método da fibra multimodo de núcleo grande

Os MZI baseados em fibras multimodo são unidos a fibras monomodo com bom alinhamento, como mostra a figura 3.6. O modo fundamental que se propaga ao longo da fibra monomodo acoplar-se-á à fibra multimodo, e a potência será predominantemente distribuída no modo de ordem mais baixa, enquanto apenas uma pequena parte da potência se propaga nos modos de ordem mais elevada. Os diferentes modos irão interferir e acoplar-se novamente na fibra monomodo [49].

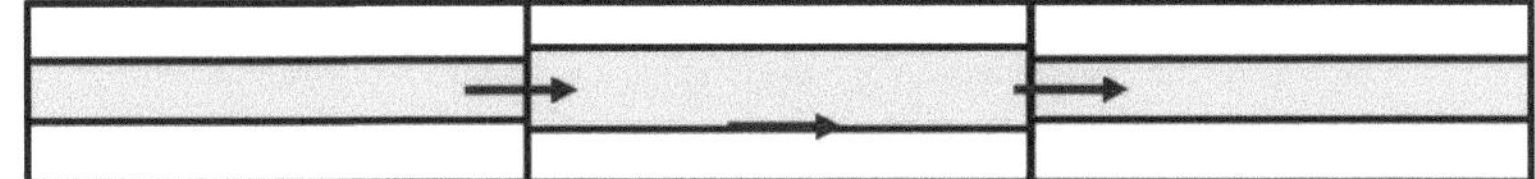

Figura 3.6 Configuração dos MZIs, os métodos de utilização de fibra multimodo de núcleo grande.

1.1.5 Colapso do orifício de ar do método PCF

O colapso dos orifícios de ar de uma PCF é outra boa maneira de fazer um MZI em linha. É fácil e não necessita de qualquer problema no processo de clivagem ou alinhamento. O feixe de modos do núcleo numa PCF é expandido na região de colapso do orifício de ar, de modo que uma parte dele pode ser acoplada aos modos de revestimento da PCF, como mostra a Figura 3.7. No entanto, neste caso, foi observado o acoplamento a vários modos de revestimento e o controlo do número de modos envolvidos não foi tão simples [49].

Figura 3.7 Configuração dos MZIs, os métodos de utilização do colapso do orifício de ar da PCF.

1.1.6 Método de afilamento de fibras

O afunilamento de uma fibra em dois pontos ao longo da fibra pode formar um MZI em linha efetivo, como se mostra na figura (3.8). Devido ao afunilamento, o diâmetro do modo do núcleo é aumentado de modo a que uma parte do mesmo possa ser acoplada ao(s) modo(s) do revestimento. É económico e relativamente muito simples, mas mecanicamente fraco, especialmente na região de afunilamento. Para além destes, os MZIs estão a utilizar uma fibra de revestimento duplo, micro-cavidades e uma fibra de núcleo duplo [17, 50].

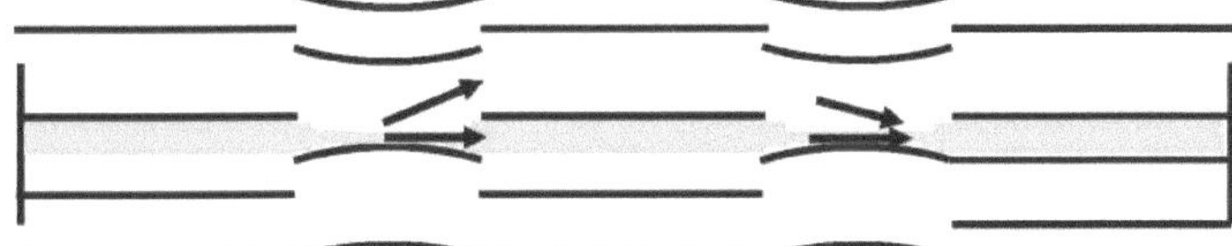

Figura 3.8 Configuração dos MZIs, os métodos de utilização do afunilamento das fibras.

3.5 Efeito de ótica de deformação

As características de polarização das fibras ópticas monomodo tornar-se-ão muito mais importantes. Quando uma força externa é aplicada a um meio elástico vítreo transparente, como um vidro, o meio torna-se birrefringente. Este fenómeno é bem conhecido como efeito foto-elástico (opto-elástico). A anisotropia ótica é produzida num meio opticamente isotrópico, como a fibra ótica, quando a força externa é aplicada[51].

Quando é aplicada uma força externa que induz uma tensão no material. A alteração dos índices de refração é linearmente proporcional à tensão induzida no material. Assim, a relação entre as componentes de tensão 5s e os índices de refração n_s (s=x,y e z) na direção do eixo s, pode ser expressa da seguinte forma [51, 52];

$$n_x = n_o + [C_1\delta_x + C_2(\delta_Y + \delta_Z)]$$

$$n_y = n_o + [C_1\delta_y + C_2(\delta_x + \delta_Z)] \qquad \text{.........} (3.1)$$

$$n_z = n_o + [C_1\delta_z + C_2(\delta_x + \delta_y)]$$

em ques *(x, y* e *z) e n_o são os* índices de *refração* na direção do eixo saxis no estado de tensão e no estado de ausência de tensão, 5s representa a tensão principal na direção do eixo s, C_1 e C_2 denotam a constante optoelástica direta e a constante optoelástica transversal, respetivamente. A constante opto-elástica relativa C é definida como a diferença entre a constante opto-elástica direta e a constante opto-elástica transversal, (C = Cl - C2) é geralmente designada por constante opto-elástica.

No caso da aplicação da força externa por unidade de comprimento (kg/mm) na direção do eixo y à fibra ótica, e da propagação da luz na direção z, a componente principal de tensão no centro do núcleo pode ser aproximadamente expressa como

$$\delta_x = \frac{F}{\pi b} \qquad \text{.........} (3.2)$$

$$\delta_y = \frac{-3F}{\pi b}$$

Onde F é a força por unidade de comprimento (kg/mm) e b é o raio do revestimento. A birrefringência modal H entre o eixo x e o eixo y pode ser expressa como[51,53]:

$$H = n_x - n_y = C\,(\delta_x - \delta_y) = \frac{4CF}{\pi b} \qquad \text{........} (3.3)$$

A deformação (resultante de uma perturbação externa) na fibra introduz uma birrefringência induzida pela deformação. De facto, a mudança de fase dinâmica, principalmente, correspondente à mudança de fase induzida pela onda de tensão ultra-sónica, ou seja,[54]

$$\Delta\beta = \beta_x - \beta_y \qquad \text{.........} (3.4)$$

Considere-se uma fibra sob tensão isotrópica devido a uma pressão P. Não há componentes de cisalhamento, e podemos escrever a tensão como um vetor de 3 componentes ,[9,57]:

$$\sigma(x,y,z) = \begin{bmatrix} -\ p \\ -\ p \\ -\ p \end{bmatrix} \qquad \text{.........}(3.5)$$

A partir da lei de Hooks, pode ser demonstrado que a deformação £ pode ser escrita como [57]:

$$\varepsilon = \begin{bmatrix} \varepsilon_X \\ \varepsilon_Y \\ \varepsilon_Z \end{bmatrix} = \begin{bmatrix} -P(1-2\mu)/E \\ -P(1-2\mu)/E \\ -P(1-2\mu)/\ E \end{bmatrix} \qquad \text{.........}(3.6)$$

Onde: μ é o rácio de Poisson e E é o módulo de Youngs.

Se o comprimento total da fibra for L, a fase da onda luminosa depois de passar pela fibra é:

$$\emptyset = \beta L \qquad \text{......... (3.7)}$$

O estiramento da fibra provoca uma alteração da fase numa determinada quantidade:

$$\Delta\emptyset = \Delta\beta L = (\beta_x - \beta_y)\, L = K_O\,(n_x - n_y)\,\mathrm{L}$$

$$\Delta\emptyset = K_O \mathrm{H}\,\mathrm{L} = \frac{8\mathrm{CFL}}{\lambda \mathrm{b}} \qquad \text{......... (3.8)} \qquad \Delta\emptyset = \frac{8CW}{\lambda \mathrm{b}}$$

Quando a amostra é sujeita a um efeito modulador, ocorre uma mudança de fase ótica, $\Delta\emptyset$, no feixe de luz, que é dada por [9- 59].

$$\Delta\emptyset = \mathrm{n}\, k_o \Delta\mathrm{L} + \mathrm{L}\,\Delta \mathrm{n} k_o \qquad \text{........... (3.9)}$$

$$\Delta\emptyset = \beta\, \Delta\mathrm{L} + \mathrm{L}\,\Delta\beta \qquad \text{......... (3.10)}$$

O primeiro termo representa o efeito da alteração física do comprimento devido à deformação e pode ser dado em termos da deformação axial ε_z. Para a tensão considerada,

$$\beta\, \Delta\mathrm{L} = \beta\, \varepsilon_z \mathrm{L} = -\, \beta(1 - 2\mu)\, \mathrm{LP/E} \qquad \text{.........(3.11)}$$

O segundo termo, a alteração em $\emptyset$ devido a uma alteração em $\beta = \mathrm{Ko}\, \Delta\mathrm{n}$, pode resultar de dois efeitos: o efeito de deformação ótica, em que a deformação altera o índice de refração da fibra, e um efeito de dispersão do modo de guia de ondas devido a uma alteração no diâmetro da fibra produzida pela deformação

$$\mathrm{L}\Delta\beta = \mathrm{L}\frac{d\beta}{dn}\Delta n + \mathrm{L}\frac{d\beta}{dD}\Delta \mathrm{D} \qquad \text{......... (3.12)}$$

Agora $\beta = n_{eff} k_o$ (k_o é o número de onda), e o índice efetivo n_{eff} situa-se entre os índices do núcleo e do revestimento, mas como estes índices diferem apenas na ordem de 1%, podemos utilizar $\beta = \mathrm{n} k_o$. Assim

$d\beta/\mathrm{dn} = k_o$

O efeito de deformação ótica aparece como uma alteração no indicador ótico [56]

$$\Delta\left[\frac{1}{n^2}\right] = \sum_{i,j=1}^{6} \mathrm{P}_{ij}\, \varepsilon_j \qquad \text{........(3.13)}$$

Em que ε_j é o vetor de deformação, $\varepsilon_j = \begin{bmatrix} \varepsilon \\ -\mu\varepsilon \\ -\mu\varepsilon \\ 0 \\ 0 \\ 0 \end{bmatrix}$

Quando um material está sob tensão isotrópica sem deformação de cisalhamento, então:

$$\varepsilon_4 = \varepsilon_5 = \varepsilon_6 = 0$$

Só é necessário considerar i,j=l,2,3, elementos do tensor de deformação-ótica para um material isotrópico homogéneo, onde , $P_{11} = P_{22} = P_{33} P_{12} = P_{21} = P_{13} = P_{31} = P_{23} = P_{32}$ assim [42,43];

$$\mathrm{P}_{ij}\varepsilon_j = \begin{bmatrix} P_{11} & P_{12} & P_{12} \\ P_{12} & P_{11} & P_{12} \\ P_{12} & P_{12} & P_{11} \end{bmatrix} \begin{bmatrix} \varepsilon_X \\ \varepsilon_Y \\ \varepsilon_Z \end{bmatrix} \qquad \text{.........(3.14)}$$

Por conseguinte, a variação do indicador ótico pode ser expressa:

$$\Delta\left[\frac{1}{n^2}\right] = P_{11}\ \varepsilon_X + P_{12}\ \varepsilon_Y + P_{12}\ \varepsilon_Z \qquad \text{......... (3.15)}$$

As variações relativas do índice de refração devidas ao efeito fotoelástico são sempre pequenas em relação à unidade, o que permite escrever [58] :

$$\Delta n = -\frac{n^3}{2}\,\Delta\left(\frac{1}{n^2}\right) \qquad \text{.........(3.16)}$$

Substituindo a eq. (3-12) na eq. (3-13), An assume a forma:

$$\Delta n = -\frac{n^3}{2}\left(P_{11}\ \varepsilon_X + P_{12}\ \varepsilon_Y + P_{12}\ \varepsilon_Z\right) \qquad \text{.........(3.17)}$$

O último termo na Eq. (3-8) representa a mudança na constante de propagação do modo da guia de onda devido a uma mudança no diâmetro da fibra. A mudança no diâmetro é simplesmente:

$$\Delta D = \varepsilon_X\, D \qquad \text{.........(3.18)}$$

O termo d|3/dD pode ser avaliado utilizando os parâmetros normalizados que descrevem o modo do guia de ondas

$$\left.\begin{aligned} b &= \frac{\frac{\beta^2}{k_o{}^2} - n_{clad}^2}{n_{core}^2 - n_{clad}^2} \\ V &= k_o D\,(n_{core}^2 - n_{clad}^2)^{1/2} \end{aligned}\right\} \qquad \text{.........(3.19)}$$

Podemos escrever:

$$\frac{d\beta}{dD} = \frac{d\beta}{db}\frac{db}{dv}\frac{dv}{dD} \qquad \text{......... (3.20)}$$

Onde:

$$\frac{dV}{dD} = k_o(n_{core}^2 - n_{clad}^2)^{1/2} = V/D \qquad \text{......... (3.21)}$$

$$\frac{d\beta}{db} = \frac{(n_{core}^2 - n_{clad}^2)k_o{}^2}{2\beta} = V^2/\,2\,\beta D^2 \qquad \text{.........(3.22)}$$

E (db)/(dV) é o declive da curva de dispersão b - V no ponto que descreve o modo do guia de ondas.

A abordagem aqui seguida consiste em comunicar o desvio de fase ótico induzido e a birrefringência para cada tipo de modulador

Substituindo as várias expressões acima na Eq.(3.10), obtém-se

$$\Delta\emptyset = -\frac{\beta(1-2\mu)LP}{E} + \frac{k\,n^3\,LP}{2E}(1-2\mu)(P_{11} + 2P_{12}) - \frac{LPD(1-2\mu)}{E}(V/D)^*$$

$$(V^2/2\beta D^2)\frac{db}{dV} \qquad \text{.........(3.23)}$$

O terceiro termo da Eq. (3.23) é negligenciável em comparação com os dois primeiros. Assim, o terceiro termo que representa os efeitos de dispersão do modo de guia de ondas é negligenciável, pelo que uma expressão simplificada para $\Delta\emptyset/PL$ é:

$$\frac{\Delta\emptyset}{PL} = \left[-\frac{k\,n\,(1-2\mu)}{E} + \frac{k\,n^3}{2E}(1-2\mu)(P_{11} + 2P_{12})\right] \qquad \text{........(3.24)}$$

A equação (3-24) para a mudança de fase é utilizada para calcular a mudança de fase devida à pressão aplicada .

Os dados de entrada constantes utilizados no cálculo estão relacionados com a fibra de sílica fundida, sendo estas constantes assumidas como as seguintes: [9]

$$n = 1.456 \quad , \quad \lambda = 0.633 * 10^{-6}$$

$$\beta = 2\pi n/\lambda = 1.446 * 10^{7} m^{-1}$$

$$\mu = 0.17 \quad , \quad E = 7 * 10^{10} \frac{N}{m^2}$$

$$P_{11} = +0.121 \quad , \quad P_{12} = +0.270$$

A expressão seguinte é utilizada para calcular $P_{11} + 2P_{12}$ [58]

$$P_{11} + 2P_{12} = \frac{(e-1)(e+2)}{e^2} \quad \text{......... (3.25)}$$

A pressão em função da deltafase é traçada e apresentada no capítulo cinco.

3.6 Cálculo da deformação

Esta secção representa o cálculo da deformação que ocorre devido a uma mudança de pressão que afecta o sensor SMS, o que leva a uma mudança no comprimento de onda. O valor da deslocação do comprimento de onda (λ) mostra a quantidade de alteração da tensão Δ ε [57].

Foi calculado com a estabilidade do efeito da temperatura da sala de laboratório. Isto significa que a alteração será apenas na deformação. De acordo com as seguintes equações.

$$\frac{\Delta\lambda}{\lambda_0} = K * \varepsilon + \alpha_\delta * \Delta T \quad \text{........ (3.26)}$$

Onde: K=fator de gaga,

K=1-P = 0.78,

P = coeficiente foto-elástico, "P 0,22

ΔT = Variação das temperaturas na quelvina.

Δλ = desvio do comprimento de onda

$$\varepsilon_{total} = \varepsilon_{th} + \varepsilon_m \quad \text{......... (3.27)}$$

Em que $\mathcal{E}_{th}$ = deformação térmica, $\mathcal{E}_m$ = deformação mecânica.

Na estabilidade de um efeito de grau de temperatura, apenas a mudança na quantidade de pesos ou pressões será influenciada, o que leva a:

Inserção de ΔT = 0 na equação (3.26)

$\mathcal{E}_{th}$ = 0 inserida na equação (3.27)

Isto leva a, $\mathcal{E}_{total} = \mathcal{E}_m$ inserir na equação (3.27).

Isto leva à equação final da tensão

$$\mathcal{E}_s = \frac{\Delta\lambda}{\lambda * 0.78} \quad \text{......... (3.28)}$$

Esta equação foi aplicada no programa Excel como funções para obter os resultados matemáticos da tensão. Os resultados foram apresentados sob a forma de diagrama gráfico no capítulo cinco.

CAPÍTULO 4

4.1 Introdução

Neste capítulo, foram testados e construídos dois tipos de sensores. Estes foram utilizados para a deteção de deformações. Todos os sensores sob investigação são baseados em MZM. A divisão e recombinação de um feixe de luz é implementada em todas as configurações.

O princípio dos dispositivos depende da diferença entre os índices de refração do núcleo e os modos de revestimento. Estes sensores baseiam-se na física básica de um interferómetro modal. Consiste na divisão e recombinação de duas trajectórias de luz em modos diferentes, dando origem a uma função de interferência sinusoidal.

TRABALHO EXPERIMENTAL I

4.2 Dois braços separados no método MZM

Uma imagem fotográfica das partes experimentais, que envolve a fonte laser He-Ne, a lente de colimação, o demonstrador de interferência de fibras e a câmara móvel. Como mostra a figura (4.1) e a figura (4.2) é um diagrama de blocos Configuração da instalação

Figura (4.1) Uma imagem fotográfica da instalação experimental

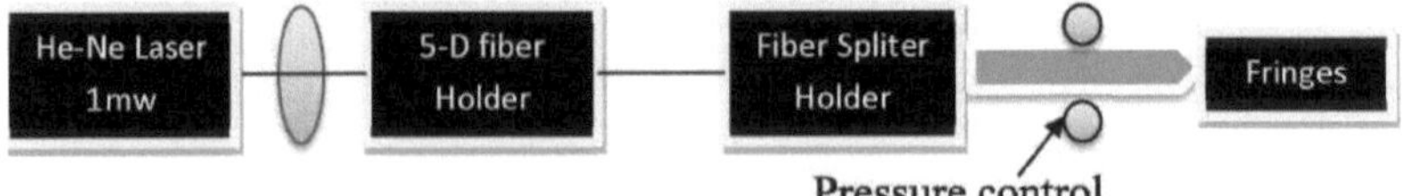

Figura (4.2): diagrama Configuração da instalação

É utilizado um laser de hélio-néon (He-Ne) como fonte de luz. Esta fonte emite uma luz monocromática vermelha de 2 mw com um comprimento de onda de 632,8 nm. A figura (4.3) mostra as fotografias da fonte de luz utilizada nesta experiência.

Figura (4.3): Laser de hélio-néon (He-Ne)

4.3 Meio de transmissão

Nesta configuração, é utilizado um metro de uma fibra ótica monomodo de índice degrau. Isto permite flexibilidade para levar a luz até à área pretendida. Neste caso, a dispersão não é importante, embora seja importante se a fibra for utilizada para transmissão de dados.

4.4 Demonstrador de interferência de fibra

Um interferómetro Mach-Zehnder é configurado para estudar o efeito de deformação. Um interferómetro de fibra ótica é construído utilizando um pedaço de fibra ótica para substituir o espaço de ar de um interferómetro tradicional.

Contém dois acopladores de 3 db, duas fibras monomodo e um espelho, como se mostra na figura (4.4). A luz proveniente da fonte, que é uma saída da fibra ótica, é dividida no acoplador de 3 db em dois feixes, sendo depois recombinados no acoplador de 3 db do interferómetro Mach-Zehnder.

Este é composto por um separador de feixes. Depois de a luz coerente entrar pela extremidade de entrada de um separador de feixes de fibra ótica, forma-se um padrão de interferência na junção das duas fibras ópticas monomodo com o mesmo comprimento a partir da extremidade de saída do separador de feixes. A diferença de percurso ótico causada por factores externos corresponde diretamente à distribuição da intensidade luminosa (franjas de interferência) no campo de interferência.

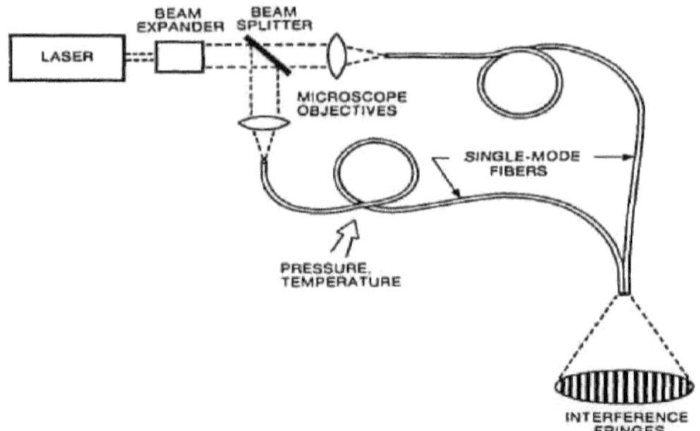

Figura 4.4: Um interferómetro Mach-Zehnder [9] TRABALHO EXPERIMENTAL II

4.5 Método MZM em linha

MZM em linha baseado numa estrutura SMS. A luz injectada na MMF a partir de uma SMF excitará múltiplos modos que se propagam na MMF. Quando estes modos são acoplados na SMF de saída, como resultado de interferência, o espetro de transmissão depende do comprimento de onda.

As investigações experimentais foram efectuadas com base numa estrutura de fibra SMS. As fibras monomodo e multimodo utilizadas nas presentes experiências foram a SMF28 e a ST/PC 62,6/125MM, respetivamente. A secção das MMFs tem um comprimento de (50,70,80,90) mm. A Figura (4.5) mostra uma imagem fotográfica das partes experimentais. A Figura (4.6) apresenta um diagrama de blocos com a configuração da instalação.

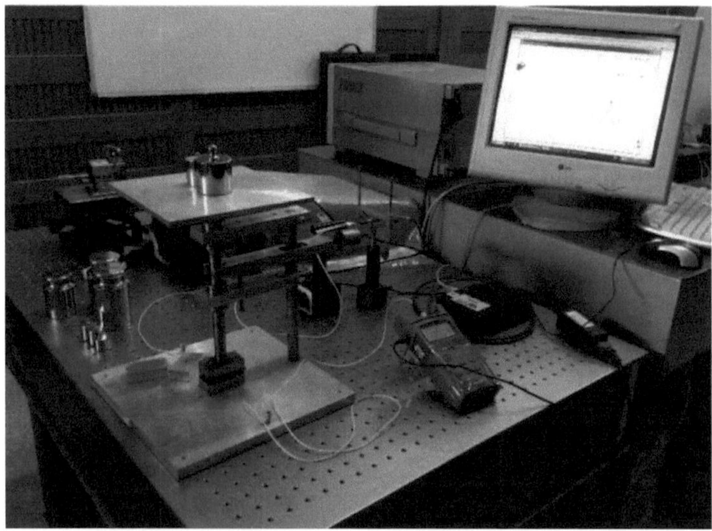

Figura 4.5: Fotografia da instalação experimental

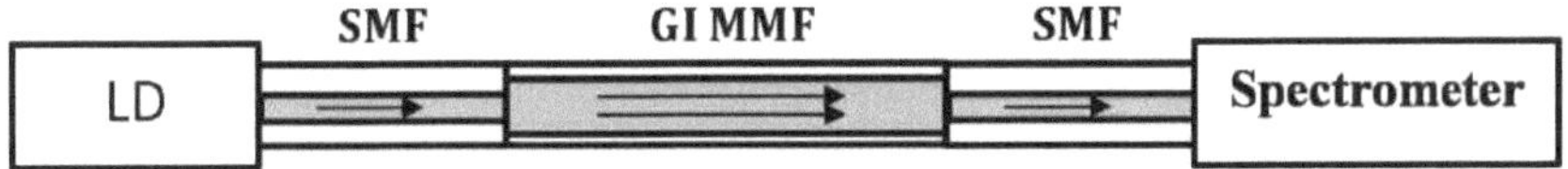

Figura 4.6: Configuração da instalação experimental

4.4.1 A fonte de luz

É utilizada uma fonte de luz portátil como fonte de luz. Esta fonte emite 3 mw com comprimento de onda operacional: (650/847/1310/1550) nm Luz. Nesta experiência, foi utilizado um comprimento de onda de (847 nm). A figura (4.7) mostra as fotografias da fonte de luz utilizada nesta experiência.

Figura 4.7: Fonte de luz portátil

4.4.2 Espectrómetro

Foi utilizado o espetrómetro de alta resolução Ocean Optics HR4000, que fornece uma saída espetral completa em toda a gama de 200-1100 nm, com a melhor eficiência em 200-1050 nm. A figura (4.8) mostra as fotografias do espetrómetro utilizado nas experiências.

Figura 4.8: Espectrómetro Ocean Optics HR4000

4.5.3 Meio de transmissão

Nesta experiência, é utilizado um metro de uma fibra ótica monomodo de índice degrau SMF, que é emendada com (50mm, 70mm, 80mm, 90mm) de uma fibra ótica multimodo MMF, como mostra a figura (4.9), e depois emendada com um metro de fibra ótica monomodo de índice, como mostra a figura (4.10).

Figura 4.9: Fibra ótica multimodo ST/PC 62,6/125 µm MM

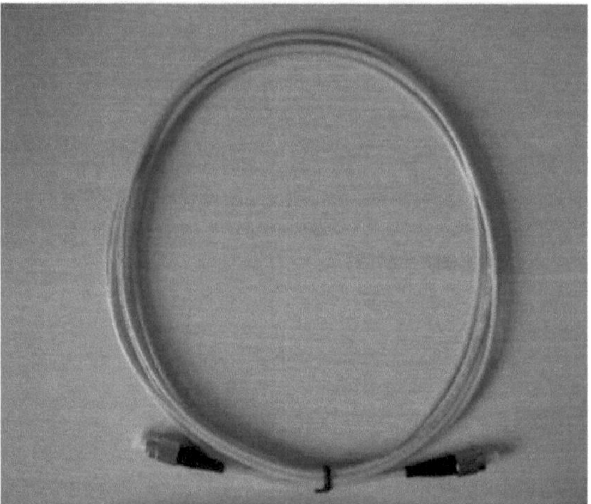

Figura 4.10: Fibra ótica monomodo SMF -28 standard

4.5. 4Medidor de energia

Foi utilizado o medidor de potência ótica EXFO FPM-300. A sua gama de potências entre 26 e -50 dBm, bem como 10 comprimentos de onda calibrados e valores de referência, a figura (4.11) mostra a fotografia do medidor de potência.

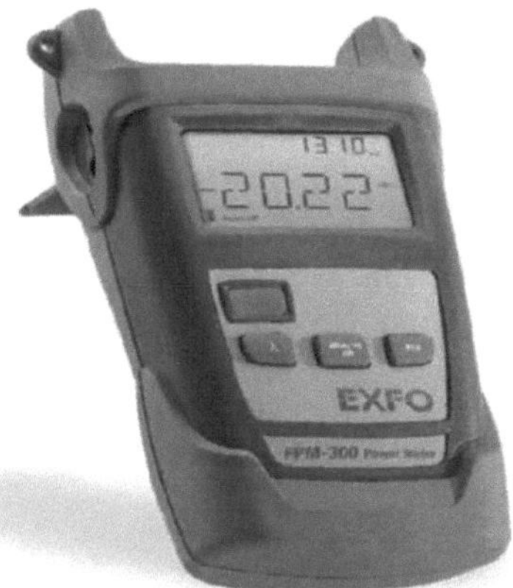

Figura 4.11: Medidor de potência

O sistema experimental de medição da tensão, que através dele será afetado na MMF. É apresentado na figura (4.12). O seu objetivo é pressionar o suporte do MMF. Após a prensagem, o MMF será expandido ou comprimido. Os resultados do processamento da prensagem indicam as alterações do comprimento de onda e o conhecimento da quantidade de peso que foi colocada na LMF.

Figura (4-12): O sistema experimental para medição da deformação

4.5.5 Preparação da fibra ótica

A preparação da fibra ótica envolve a clivagem e a emenda, processos que são explicados a seguir:

4.5.5.1 Fratura de fibras ópticas:

Devido às suas estruturas especiais, as fibras ópticas são fáceis de partir.
Por conseguinte, deve ser adotado um procedimento especial para cortar as fibras. No presente trabalho, foram utilizados dois tipos de fibra ótica: a fibra monomodo standard SMF-28e e a

fibra ótica multimodo ST/PC 62,6/125 pm. O primeiro passo para a clivagem das fibras foi efectuado através da remoção do revestimento das fibras, utilizando decapagem mecânica.

Foi utilizado um pano húmido para remover os restos de revestimento após a clivagem. Todos os comprimentos de fibras decapadas são protegidos contra a humidade, a fratura e o pó, o cutelo foi implementado nas nossas experiências. O cortador de fibras CT 30 foi utilizado para cortar as fibras. A Figura (4.13) mostra as fotografias dos cortadores de fibras utilizados nas nossas experiências.

Figura (4.13): fotografias de clivadores de fibras

4.5.5.2 Fusão MMF-SMF:

Um pedaço de MMF ligado de ambos os lados por uma SMF emendada em cada extremidade. A união por fusão é uma técnica muito simples e de baixo custo para unir MMF com SMF. O procedimento de fusão é efectuado por tentativa e erro em todas as experiências para obter os parâmetros ideais das máquinas de fusão. A figura (4.13) mostra a fotografia da máquina de fusão FSM-60S. A figura (4.14) mostra a fotografia do microscópio ótico para a união das fibras.

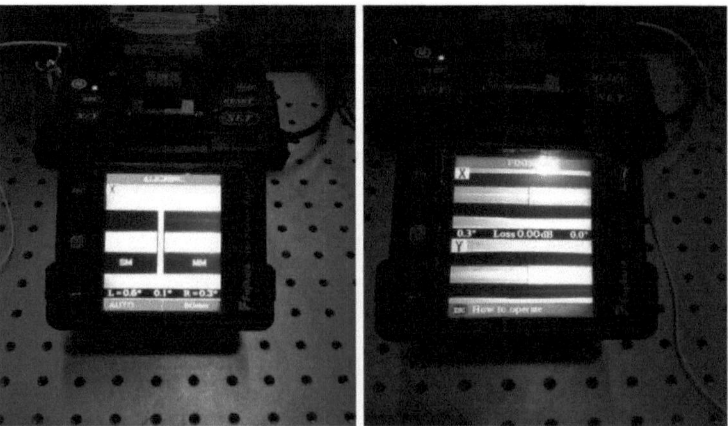

Figura (4.13): fotografia da máquina de fusão de fibras DVP-FSM-60M

Figura (4.14): fotografia de microscópio ótico para a união de fibras

CAPÍTULO 5

5.1 Introdução

Este capítulo explica o método analítico dos resultados experimentais. Os resultados experimentais foram apresentados a partir do modulador Mach Zehnder utilizando dois métodos: o primeiro consiste em dois braços separados no MZM e no MZM em linha. O método analítico foi efectuado através da elaboração de gráficos dos resultados experimentais que ilustram: em primeiro lugar, a relação entre o comprimento de onda e a tensão, em segundo lugar, a relação entre a potência de saída e a tensão para quatro comprimentos de multimodo. Todos os resultados foram obtidos em condições laboratoriais científicas. A temperatura ambiente era de (25°C±5°C).

5.2 Procedimento do trabalho experimental para dois braços separados no MZM

Antes de aplicar a pressão, o padrão de interferência deve ser observado para obter franjas dos seguintes requisitos:

1- O suporte da fibra 5-D deve ser movido até se obter um bom alinhamento e a saída do laser da extremidade da fibra (Im) com alta intensidade.
2- A extremidade da fibra deve ser colocada num repartidor de fibra.
3- A sobreposição de dois feixes deve ser observada num ecrã.

Os dois feixes sobrepostos interferem para formar uma série de franjas circulares claras e escuras. Em seguida, o braço de deteção é gradualmente comprimido. A alteração da fase é observada visualmente para quatro casos, como se mostra na figura (5.1), e conta-se a deslocação das franjas no padrão de interferência. As franjas foram obtidas para vários casos de pressão aplicada: com valores de 55 kpa, 222 kpa e 500 kpa. Não há movimento de franjas sem pressão aplicada. As franjas obtidas com a aplicação destas pressões são as seguintes 3 franjas para a pressão de 55 kpa, 10 franjas para a pressão de 222 kpa e 26 franjas para a pressão de 500 kpa.

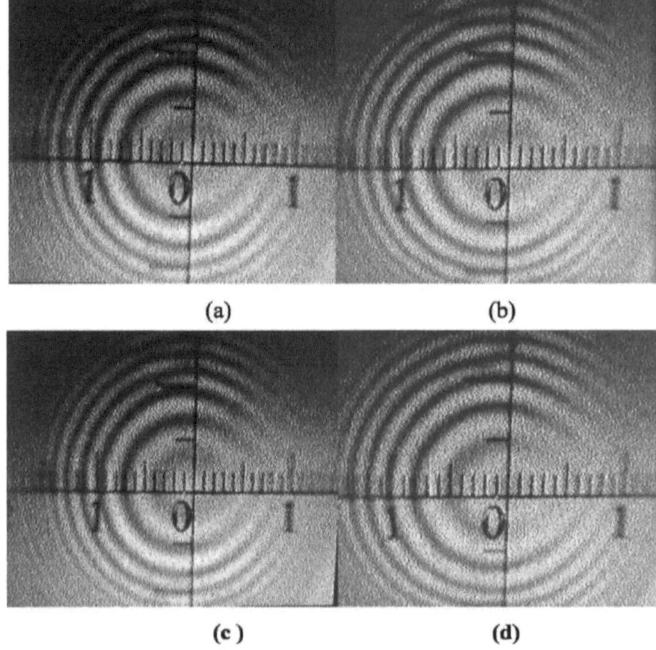

Figura (S.l): Fotografia das (a) franjas de interferência sem pressão aplicada (b) franjas de interferência após pressão aplicada55kpa(c) franjas de interferência após pressão aplicada 222kpa(d) franjas de interferência após pressão aplicada500kpa

5.3 Resultados de dois braços separados no MZM

A investigação envolve a observação da variação da fase de uma fonte de luz (sinal ótico) transportada por uma fibra ótica a pressões variáveis.

Os resultados do modelo são comparados com os resultados experimentais. A tabela (5.1) enumera as pressões, o número de franjas, os resultados experimentais e teóricos da fase delta, como se mostra a seguir.

Tabela (5.1): Lista os parâmetros, pressão, número de franjas, fase deta

Pressure/ kpa	Delta phase Theoretical result/ Rad 10^{-5}	Delta phase experimental result / Rad*10^{-5}	Number of fringes experimentaly
0	0	0	0
55	0.2043	0.16	3
111	0.408	0.34	5
166	0.613	0.51	8
222	0.817	0.6	10
277	1.021	0.9	14
333	1.226	1.1	17
388	1.4305	1.3	20
444	1.634	1.4	22
500	1.839	1.7	26
555	2.043	1.9	30

Figure (5(2) mostra o comportamento da pressão aplicada a 90 mm de comprimento em função do número de franjas que representa a variação de fase (resposta de fase). Inicialmente, foi aplicada uma pressão de 55 kpa, que depois aumentou gradualmente até 555kpa (o dispositivo utilizado tem uma sensibilidade de 10 kpa por uma franja, ou seja, uma pressão aplicada de 1 kpa provoca uma mudança de fase de π no sinal ótico coerente). A figura (5.2) mostra o resultado experimental da utilização da pressão com o número de franjas, como indicado a seguir:

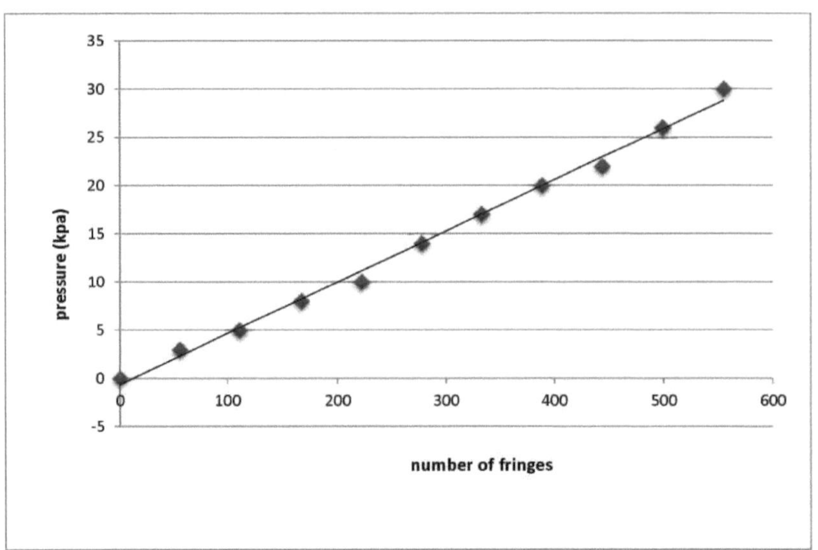

Figure (5(2) **Resultado experimental, relação entre o número de franjas e a pressão aplicada**

Figure (5(3) apresentam os resultados experimentais da pressão com fase delta. Estas figuras mostram que o comportamento linear é comum em todos os casos. Esta linearidade no comportamento é reversível, ou seja, o comportamento é o mesmo em caso de compressão e relaxamento.

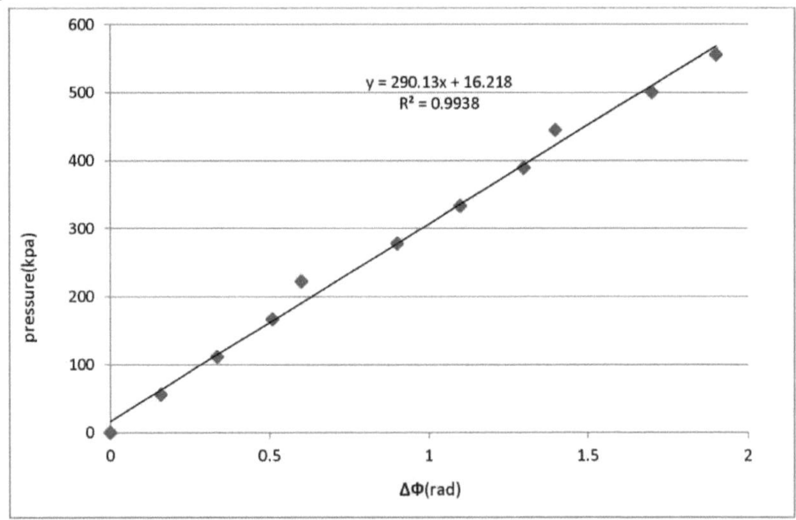

figura(5.3): Resultado experimental, relação entre a detafase e a pressão aplicada

5.4. A Resultados teóricos

A equação (3.24) para a mudança de fase derivada na secção (3.5) é utilizada para calcular a mudança de fase devida à pressão aplicada, que é dada como

$$\frac{\Delta\emptyset}{PL} = \left[-\frac{Kn(1-2\mu)}{E} + \frac{kn}{2E}(1-2\mu)(P_{11}+2P_{12})\right] \quad ....(3.24)$$

Foi escrito e executado um programa de computador para diferentes dados de entrada. A pressão em função da deltafase é traçada e apresentada na figura (5.4).
O que mostrou que existe um pequeno desvio a baixa pressão e um elevado desvio a alta pressão, o que se deve à deformação da estrutura da fibra.

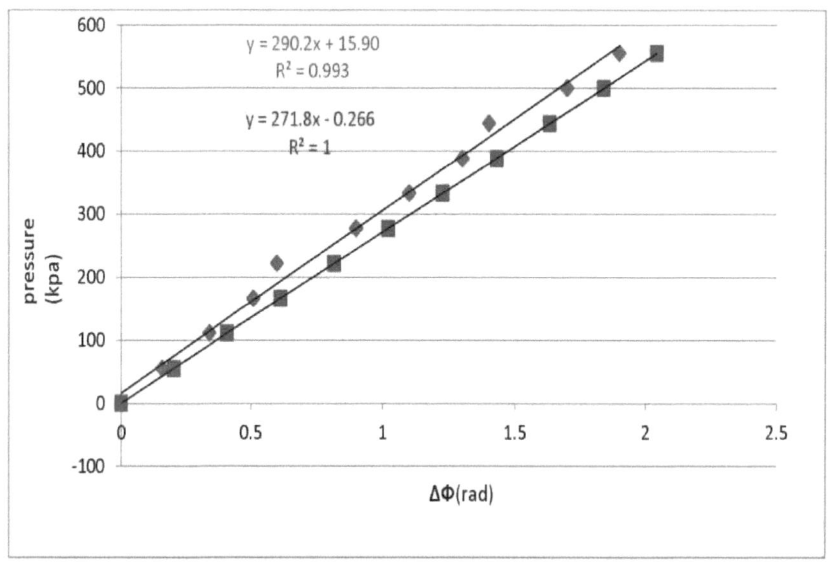

Figure (5(4) Resultados teóricos e experimentais

5.4.B Resultados da MZM em linha

Nesta secção, foram utilizados quatro comprimentos de MMF: Foram utilizados pesos de (50 a 2000) g e colocados na MMF. A temperatura exterior foi fixada enquanto o peso varia continuamente, de modo a que o efeito sobre o MMF seja claramente visível.

A partir da monitorização do espetro refletido de uma MMF nua, é possível medir o comprimento de onda de deslocamento, pelo que a deformação foi obtida.

As figuras (5.5), (5.6), (5.7) e (5.8) mostram a relação entre os valores da deformação total para os pesos na gama (10g a 2000g) e o comprimento de onda para cada comprimento de MMF.

A alteração dos pesos afectará a quantidade de deslocação no comprimento de onda, a relação entre os pesos e a deslocação torna-se linear: 7,6 pm/ps para 90mm de comprimento MMF, 6,15pm/p.E para 80mm de comprimento MMF, 5,45pm/p,s para 70mm de comprimento MMF e 4,615pm/ps para 60mm de comprimento MMF.

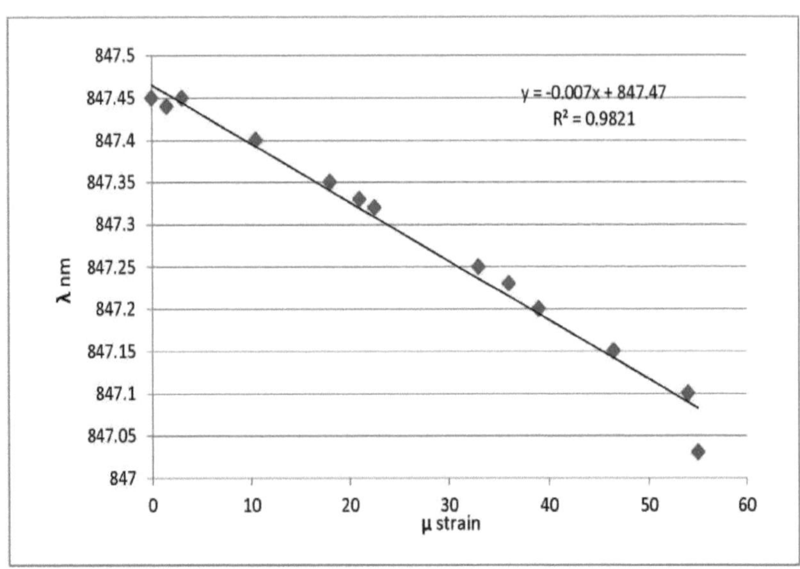

Figure (5(5) É mostrada a relação entre a deformação e a deslocação do comprimento de onda para um comprimento de MMF de 90 mm, a sensibilidade =7,6 pm/ps train

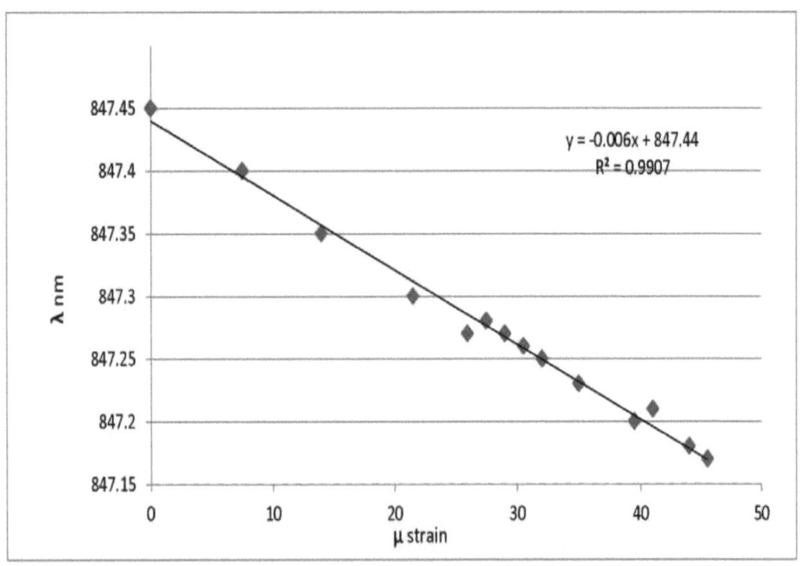

Figure (5(6) É mostrada a relação entre a deformação e a deslocação do comprimento de onda para uma MMF de 80 mm de comprimento, a sensibilidade = 6,15 ppm/deformação

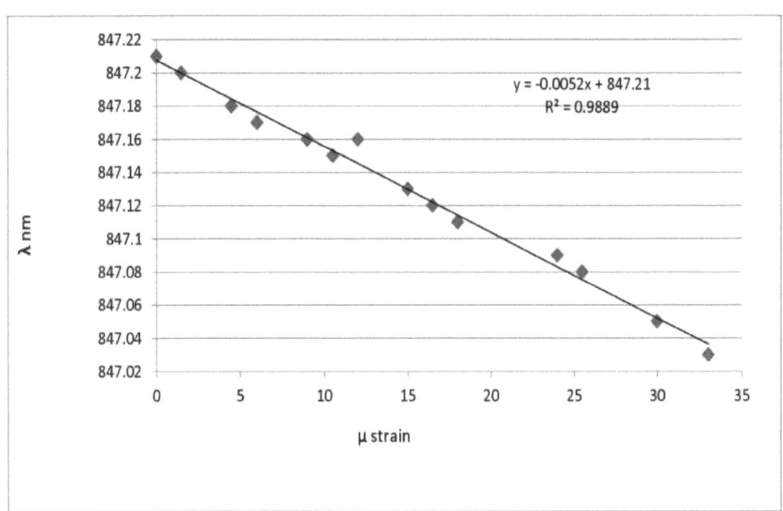

Figure (5(7) É mostrada a relação entre a deformação e a deslocação do comprimento de onda para um comprimento de MMF de 70 mm, a sensibilidade = 5,45 pm/deformação

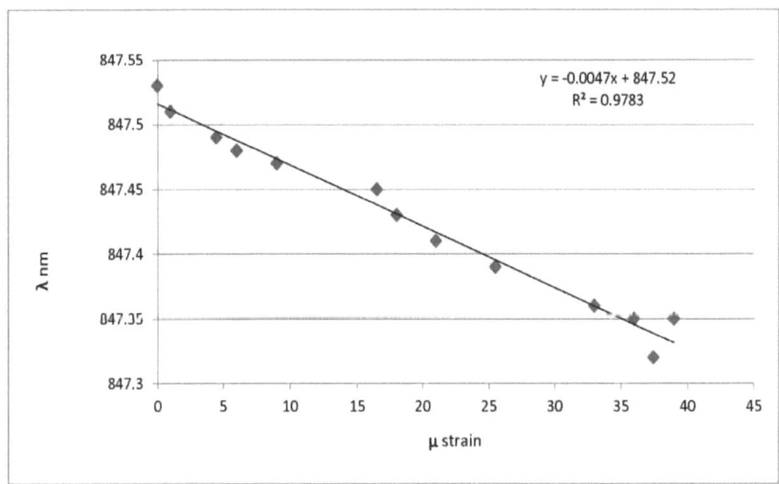

Figure (5(8) É mostrada a relação entre a deformação e a deslocação do comprimento de onda para uma MMF de 50 mm de comprimento, a sensibilidade = 4,615 pm/deformação

A figura (5-9) indica que a sensibilidade máxima foi registada quando o comprimento da MMF é igual a 90 mm, ou seja, a sensibilidade aumenta com o aumento do comprimento da MMF. A sensibilidade aumenta com o aumento do comprimento da MMF, e isso porque, quando o acoplamento do laser na fibra ótica monomodo e depois entra na fibra ótica multimodo, muitos modos saem e se propagam no núcleo e no revestimento, portanto, têm constante de propagação diferente, quando o comprimento de interação aumenta, isso irá gerar uma constante de fase mais alta, isso ilustra que a relação entre o comprimento da fibra e a constante de fase, quando o comprimento do multimodo aumenta, a mudança de fase também aumenta, ou seja, o aumento de Aλ, isso causa o aumento da sensibilidade.

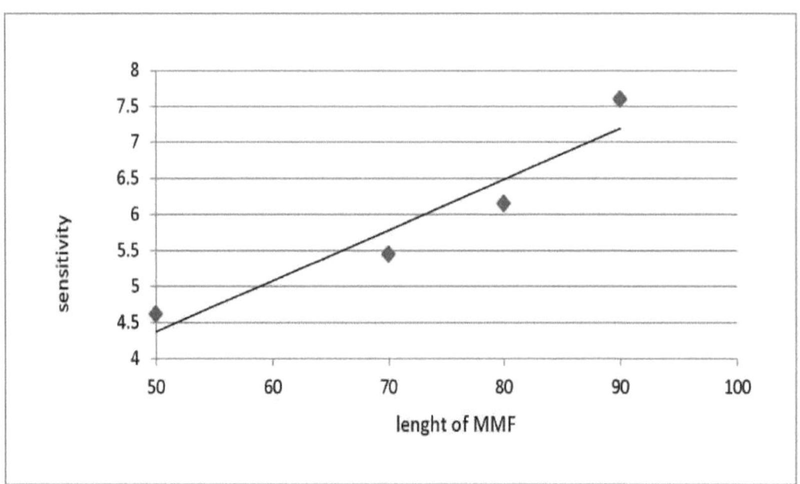

Figure (5(9) Relação entre a duração do MMF e a sensibilidade

As figuras (5.10), (5.11), (5.12), (5.13) representam a relação entre os valores da tensão total para os pesos na gama (10g a 2000g) e os desvios de potência de pico para cada comprimento de MMF. A alteração dos pesos afecta a perda de potência e a relação entre eles torna-se linear. Verifica-se que a perda de potência aumenta com o aumento da tensão.

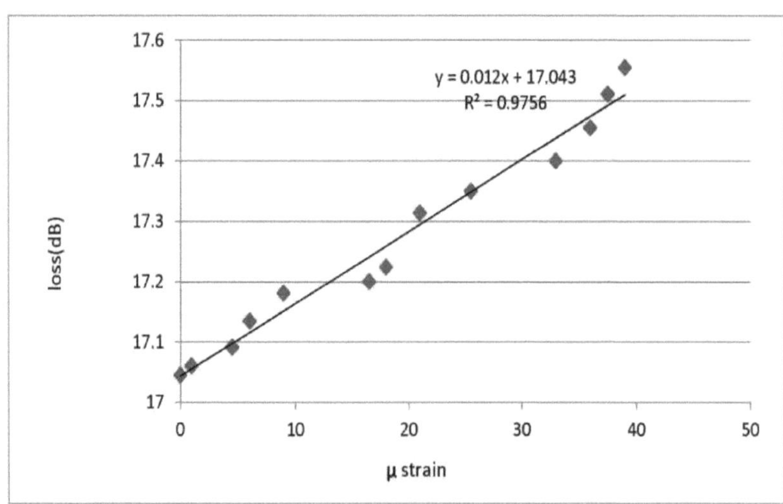

Figure (5(10) Relação entre a deformação e a potência de pico para: 90 mm de comprimento da MMF

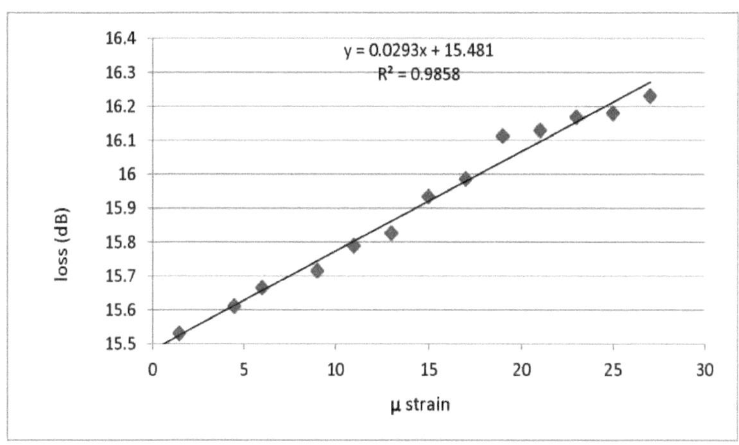

Figure (5(11)   Relação entre a deformação e a potência de pico para: 80 mm de comprimento da MMF

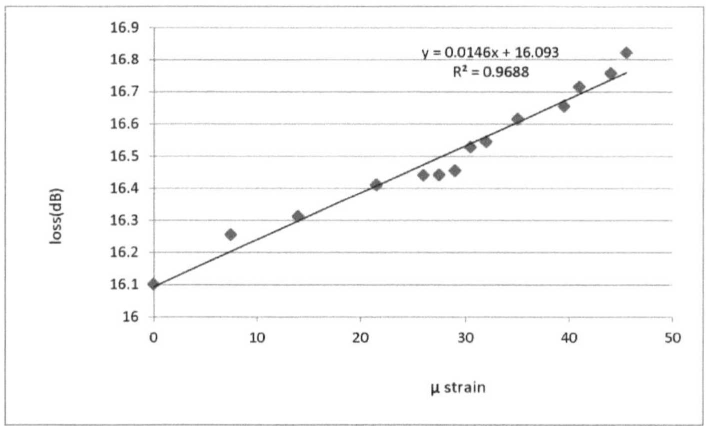

Figure (5(12)   Relação entre a tensão e a potência de pico para: Comprimento da MMF de 70 mm

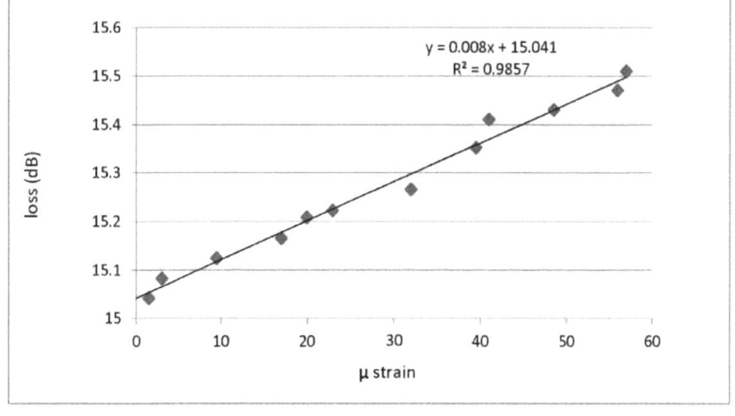

Figure (5(13) **Relação entre a tensão e a potência de pico para: Comprimento da MMF de 50 mm**

As figuras (5.14, 5.15, 5.16 e 5.17) mostram os espectros de transmissão deste sensor. Os resultados mostraram que há uma deslocação para azul (diminuição do comprimento de onda) dos espectros de transmissão com o aumento da tensão, e a perda na fibra aumenta com o aumento da tensão deste sensor. Isto deve-se ao modo de fuga de energia do núcleo para a camada de revestimento.

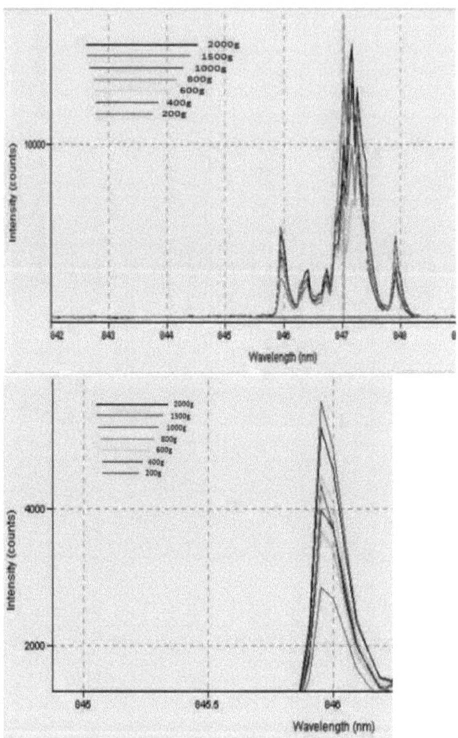

Figure (5(14) Espectros de transmissão para MMF de 90 mm de comprimento

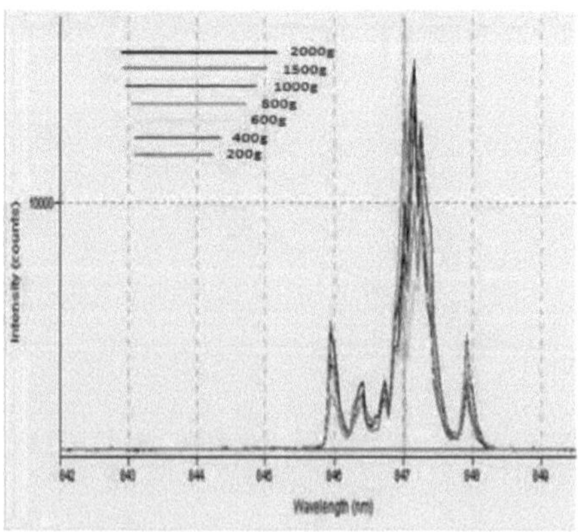

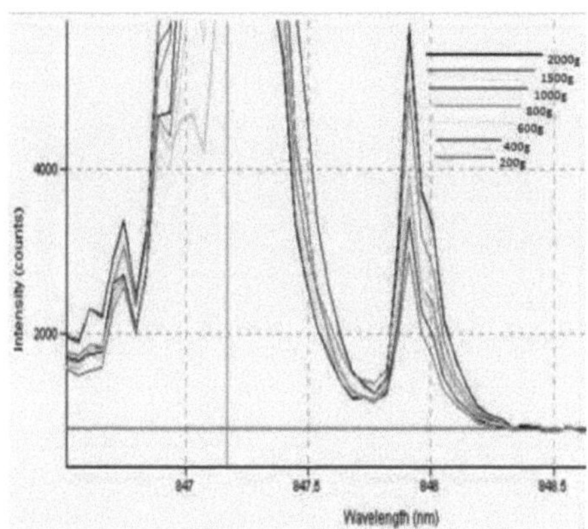

Figure (5(15) Espectros de transmissão para MMF de 80 mm de comprimento

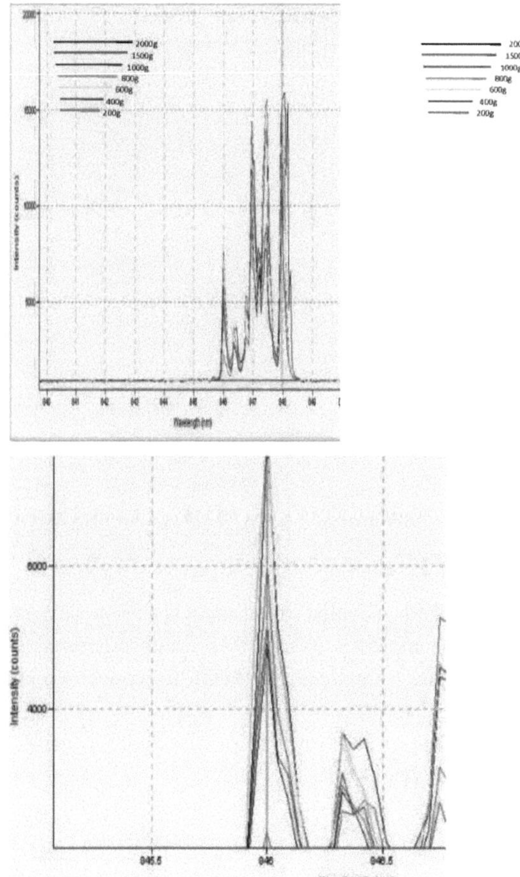

Figure (5(16) Espectros de transmissão para MMF de 70 mm de comprimento

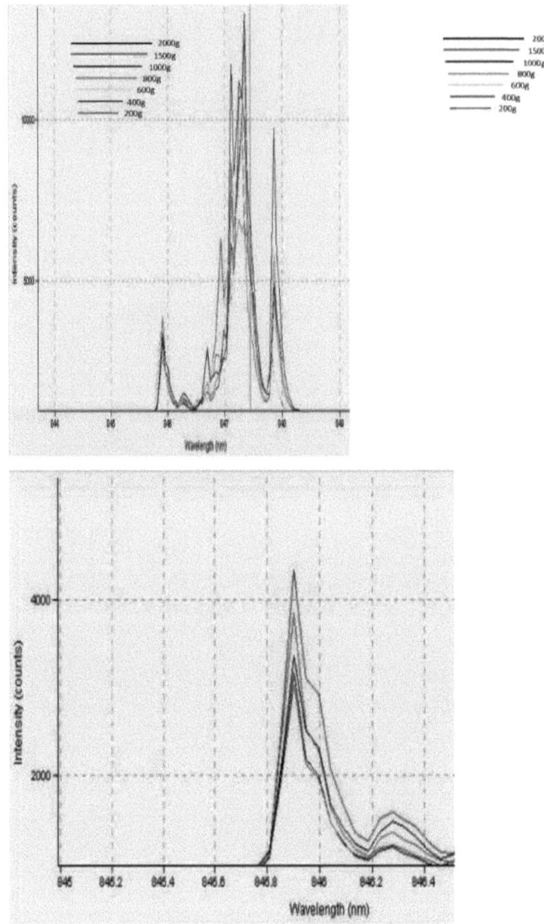

Figure (5(17) Espectros de transmissão para MMF de 50 mm de comprimento

5.5 Cálculos da pressão

Nesta secção, são efectuados cálculos experimentais de (massa, peso e pressão). Estes três parâmetros para quatro comprimentos de MMF foram organizados na tabela (5.2). O valor da massa (em grama) que foi aplicado no MMF foi convertido para a quantidade de peso (em Newton) [59].

$$W = m * g \qquad \text{......... (5.3)}$$

Onde: W é um peso em Newton (N),

Unidade N $(\frac{kg.m}{s^2})$ Por conseguinte, é converter o peso de g para kg

m é a massa em gramas (g).

g é uma aceleração do solo $(\frac{.m}{s^2})$ que é igual a (9.81).

s é o tempo em segundos.

A tabela (5.2) enumera três parâmetros, que são a massa, o peso e a pressão para quatro comprimentos de MMF.

As pressões foram calculadas de acordo com a equação.

$$P = \frac{F}{A} \qquad \text{...... (5.4)}$$

Em que P é a pressão em N/m^2

1 pascal (pa) = N/m^2

F é a força, que representa o peso aplicado em N.

A é a área de superfície do MMF em m^2 .

Devido à forma cilíndrica das fibras ópticas. A área de superfície de uma região MMF é estimada de acordo com a seguinte equação.

$$A_{FBG} = \pi * D * L_{MMF} \qquad \text{.........(5.5)}$$

Em que, A_{MMF} é a superfície da região MMF em m.

π é o rácio constante.

D é o diâmetro do MMF.

L_{MMF} é o comprimento da área de decapagem da MMF.

O valor do diâmetro do MMF é de 125µm.

Para os comprimentos de área de decapagem do MMF: (50,70,80,90) mm, a área de superfície de decapagem do MMF para o comprimento de (50,70,80,90) mm é calculada como (19,625,27,475,31,4,35,325) μm^2 . Substituindo estes valores das áreas de superfície na equação (5.4), os valores da pressão imposta em todos os comprimentos do MMF serão listados na tabela (5.2).

Tabela (5.2): Valores da massa, do peso e da pressão

Mass (g)	Weight (N)	Pressure (kN/m^2)kpa			
		50mm MMF length	70mm MMF length	80mm MMF length	90mm MMF length
50	0.49	24.968	17.834	15.605	13.873
100	0.98	49.936	35.668	31.21	27.746
200	1.96	99.872	71.337	62.42	55.492
300	2.94	149.808	107	93.63	83.238
400	3.92	199.745	142.675	124.84	110.985
500	4.9	249.681	178.343	156.05	138.731
600	5.88	299.617	214.012	187.261	166.477
700	6.86	349.554	249.681	218.471	194.224
800	7.84	399.49	285.35	249.681	221.97

900	8.82	449.426	321.019	280.891	249.716
1000	9.8	499.36	356.687	312.109	277.463
1500	14.7	749.044	535.031	468.152	416.194
2000	19.6	998.726	713.375	624.203	554.926

5.6 Comparação entre o MZM de dois braços separados e o MZM em linha

Para efetuar a comparação entre eles, é necessário converter a fase $\Delta\varphi$ em comprimento, utilizando a equação (5-6). O resultado do cálculo é apresentado na tabela (5.3).

$$\Delta\varphi = K\,L \qquad \text{..........(5.6)}$$

k é a constante de propagação, L é o comprimento

$$k = \frac{2\pi}{\lambda} \qquad \text{.........(5.7)}$$

$$\Delta\varphi = \frac{2\pi}{\lambda}\,L \qquad \text{.........(5.8)}$$

Tabela (5.3): valores de pressão e resultados experimentais para os dois métodos

Como mostra a tabela (5.3), parece que o ganho de sensibilidade do sensor utilizando dois braços separados MZM (que é 0,315 pm/kpa), é mais sensível do que o sensor em linha MZM (que é 0,09 pm /kpa).

Pressure (kpa)	Experimental results Two separated arms MZM method		Experimental results In-line MZM method
	$\Delta\varphi$ (rad)10^{-5}	L(m) $*10^{-14}$	$\lambda\ (nm)$
55	0.16	16.122	847.4
111	0.34	34.259	847.35
166	0.51	51.389	847.33
222	0.6	60.454	847.32
277	0.9	90.687	847.25
333	1.1	110.84	847.23
388	1.3	130.99	847.2
444	1.4	141.06	847.15
500	1.7	171.298	847.1
555	1.9	191.451	847.03

CAPÍTULO 6

6.1. Conclusões

A partir das experiências efectuadas, é possível tirar as seguintes conclusões:

- O método MZM de dois braços separados mostrou que um interferómetro de fibra monomodo pode ser utilizado para detetar e medir alterações de pressão num dos braços da fibra. Os resultados experimentais estão de acordo com os calculados. A sensibilidade de um interferómetro deste tipo para a medição experimental da pressão é de 0,315 pm/kpa. As desvantagens desta técnica incluem os requisitos de alinhamento do interferómetro, bem como a necessidade de observar o movimento das franjas ópticas.
- O método MZM em linha tem sido utilizado para medir a deformação com base na interferência de modos em fibras multimodo. A estrutura Mach-Zehnder em linha é uma boa alternativa para ultrapassar os inconvenientes acima referidos, além de ser simples e de baixo custo.
- Para o método MZM em linha, a sensibilidade máxima e a boa linearidade são alcançadas na gama de deformação de (0 a 55 με) é de 7,6 pm//i£ para um comprimento de 90 mm de MMF, e a sensibilidade máxima e a boa linearidade são alcançadas na gama de pressão de (0 a 500 kpa) é de 0,09 pm/kPa para um comprimento de 90 mm de MMF.
- Os resultados do método MZM em linha revelaram que as MMF mais longas têm uma sensibilidade à deformação significativamente maior. Além disso, a perda em (dB) aumenta com o aumento da deformação, devido ao aumento do modo de radiação da fibra.
- Comparando a sensibilidade dos sensores fabricados a partir de cada um dos métodos, verifica-se que a sensibilidade obtida com o sensor fabricado utilizando dois braços separados MZM (que é de 0,315 pm/kpa) é mais sensível do que o sensor fabricado por MZM em linha (que é de 0,09 pm/kpa).

6.2. Sugestões para trabalhos futuros

- Conceber um pacote compacto e portátil do sensor de deformação MZM para utilização em muitos trabalhos experimentais.
- Minimizar o erro devido à temperatura gerada pela deformação. Para minimizar o erro de medição da deformação induzida pela temperatura, conceber duas estruturas de fibra SMS, uma estrutura SMS actua como sensor de deformação e a outra estrutura SMS actua como monitor de temperatura.
- Melhoria do desempenho do sistema de sensores através da utilização de técnicas de processamento de sinais.
- Conceber um sensor de deformação utilizando fibra de cristal fotónico

Referência

[1] E. Udd, "An overview of fiber-optic sensors", American Institute of Physics,

Vol.66, No.8, pp. 4015-4030, (1995).
[2] C. Davis, "Fiber Optic Sensors: An Overview", Society of Photo- Optical Instrumentation Engineers (SPIE). vol. 478, pp. 12-18, (1984).
[3] T. Giallorenzi, J. Bucaro, A. Dandridge, G.Siegel Jr., J.Cole, S.Rashleigh, e R.Priest, "Optical fiber sensor technology", IEEE Journal of Quantum Electronics, vol. 18, no. 4, pp. 626-665, (1982).
[4] T. Chen, "Fiber Optic Sensors for Extreme Environments", Tese de Doutoramento em Filosofia, Universidade de Pittsburgh, SWANSON, (2012).
[5] E. Udd, W. Spillman Jr., "Fiber Optic Sensors: An Introduction for Engineers and Scientists", Wiley Book, Segunda Edição, ISBN: 9780470126844(2011).
[6] J. Bucaro, H. Dardy, "Fiber-optic hydrophone", J. Acoust. Soc. Am., VoL.62, NO. 5, PP. 1302-1304, (1977).
[7] S. Kingsley, "Measurement of the Pressure Sensitivity of Single-Mode Optical-Fibre Phase Modulators", Microwaves, Optics and Acoustics, Vol. 2, (1978).
[8] B. Budiansky, D. Drucker, e J. Rice, "Pressure sensitivity of a clad optical fiber", applied optics, Vol. 8, NO.5, pp. 1078, (1985).
[9] G. Hocker, " Fiber Optic Sensing of Pressure and Temperature, Applied Optic", 18(9):1445, (1979).
[10] W. Spllman e D. Mcmahon, "Multimode fiber optic hydrophone Based on Photoelastic effect", Applied optics ,Vol. 21, No. 19, pp. 3511, (1982).
[11] Y. Namihira, " Opto-Elastic Constant in single mode Optical fiber", Journal of Lightwave Technology, Vol. Li, NO. 5, pp. 1078, (1985).
[12] R.Yousif, K.Hajim, K.Naimee, "Investigação das propriedades optomecânicas do PMMA e suas aplicações em sensores de pressão: Parte II. Plastic Elastic", Sociedade Internacional de Engenharia Ótica (SPIE), Vol. 1334, (1990).
[13] Z. He, A. Bouzid e M. Abushagur, "Fiber Optic Pressure Sensors", IEEE, ISBN: 0-7803-0494-2, Vol. 1, pp. 368 - 370, (1992).
[14] X. Xie, J. Khurgin, J. Kang, e F. Chow, "Linearized Mach-Zehnder Intensity Modulator", IEEE Photonics Technology Letters, Vol. 15, NO. 4, (2003).
[15] L. Yuan e J. Yang, "Multiplexed Mach-Zehnder and Fizeau tandem white light interferometric fiber optic strain/temperature sensing system", Elsevier Sensors and Actuators A: Physical, Volume 105, Issue 1, , Pages 40-46, (2003).
[16] L.Shao, X. Dong, A. Zhang, H. Tam, e S. He, "High-Resolution Strain and Temperature Sensor Based on Distributed Bragg Refletor Fiber Laser", IEEE Photonics Technology Letters, Vol. 19, No. 20, (2007).
[17] Z. Tian, S. Yam, J. Barnes, W. Bock, P. Greig , J. Fraser, H. Loock e R. Oleschuk, "Refractive Index Sensing With Mach-Zehnder Interferometer
Based on Concatenating Two Single-Mode Fiber Tapers", IEEE Photonics Technology Letters, Vol. 20, No. 8, (2008).
[18] S. Feng, H. Li, O. Xu, S. Lu, e S. Jian, "Compact In-Fiber Mach-Zehnder Interferometer Using A Twin-Core Fiber", Proc. of SPIE-OSA- IEEE/ Vol. 7630 76301R-1, (2009).

[19] A. Hatta, Y. Semenova, Q. Wu e G. Farrell, "Strain Sensor Based on A Pair of Single-Mode- Multimode-Single-Mode Fiber Structures In A Ratiometric Power Measurement Scheme", Applied Optics, Vol. 49, No. 3, (2010).

[20] Q. Wu, A. Hatta, P. Wang, Y. Semenova, e G. Farrell, "Use of a Bent Single SMS Fiber Structure for Simultaneous Measurement of Displacement and Temperature Sensing", IEEE Photonics Society, ISSN:1041-1135,pp. 130- 132, (2010).

[21] L. Jiang, J. Yang, S. Wang, B. Li, e M. Wang, "Fiber Mach-Zehnder Interferometer Based on Microcavities for High-Temperature Sensing With High Sensitivity", Optical Society of America, Vol. 36, Issue 19, pp. 37533755, (2012).

[22] D. Wu, T. Zhu, K. Chiang, e M. Deng, "All Single-Mode Fiber Mach-Zehnder Interferometer Based on Two Peanut-Shape Structures", Journal of Lightwave Technology, Vol. 30, No. 5, (2012).

[23] F. Xu, C. Li, D. Ren, L. Lu, W. Lu, F. Feng e B. Yu, "TemperatureInsensitive Mach-Zehnder Interferometric Strain Sensor Based On Concatenating Two Waist-Enlarged Fiber Tapers", Chinese Optics Letters, COL 10 (7), pp. 1671-7694, (2012).

[24] A. Jasim, S. Harun, H. Arof, e H. Ahmad, "Inline Microfiber Mach- Zehnder Interferometer for High Temperature Sensing", IEEE Sensors Journal, Vol. 13, No. 2, (2013)

[25] J. Zheng, P. Yan, Y. Yu, Z. Ou, J Wang, X. Chen e C. Du, "Sensor de tensão insensível à temperatura e ao índice baseado num interferómetro Mach-Zehnder de fibra de cristal fotónico em linha", Optics Communications, Vol. 297, pp. 7-11, (2013).

[26] J. Zhou, and his et.al, "Simultaneous Measurement of Strain and Temperature by Employing Fiber Mach-Zehnder Interferometer", Vol. 22, No. 2, Optics Express 1680, (2014).

[27] B. Gholamzadeh e H. Nabovati, "Fiber Optic Sensors", World Academy of Science, Engineering and Technology Vol. 2, (2008).

[28] J. Bronzino, "Optical Sensors", the Biomedical Engineering Handbook, Second Edition, CRC Press LLC, ISBN: 978-0849385940, (2000).

[29] D. Jones, Introdução à fibra ótica, "Introduction to Fiber Optics", Naval Education and Training Professional Develeopment and Technology Center, (1998).

[30] K. Sairam, "Optical Communications", livro, primeira edição, Laxmi Publications, ISBN: 978-81-318-0242-7, pp. 20, (2007).

[31] K. Fidanboylu e H. Efendioglu, "Fiber Optic Sensors and their Applications", 5.º Simpósio Internacional de Tecnologias Avançadas (IATS'09), (2009).

[32] X. Li, C. Yang, S. Yang, e G. Li, "Fiber-Optical Sensors: Basics and Applications in Multiphase Reactors", Sensors (Basel), ISSN: 1424-8220, pp. 12519-12544,(2012).

[33] S. Yin, P. Ruffin e F. Yu, "Fiber Optic Sensors", livro, CRC Press, segunda edição, ISBN: 978-1420053654 (2008).

[34] E. Udda, "An Overview of Fiber-Optic Sensors", American Institute of Physicse, Rev. Sci. Instrum., Vol. 66, No. 8, (1995).

[35] S.Meller, "Extrinsic Fabry-Perot Interferometer System Using Wavelength Modulated Source", Tese de Mestrado, Faculdade do Instituto Politécnico e

Universidade Estatal da Virgínia, (1996).

[36] J. Meera e P.Anuradha, "A Survey Paper of Optical Fiber Sensor", "A Survey Paper of Optical Fiber Sensor", International Journal on Recent and Innovation Trends in Computing and Communication ISSN: 2321-8169 Volume: 2 Issue: 1, (2014).

[37] A. Ghatak e k. Thyagarajan, "introduction to fiber optics", livro, Cambridge university press, ISBN: 0521571200, (1998).

[38] A.GAUTAM, "A Design of High Temperature High Bandwidth Fiber Optic Pressure Sensors", Tese de Mestrado, Departamento de Engenharia Eletrónica do Instituto Nacional de Tecnologia Sardar Vallabhbhai, (2008, 2009).

[39] T. Zhu, D. Wu, M. Liu, e D. Duan, "In-line fiber optic interferometric sensors in single-mode fibers", Sensors (Basel), ISSN: 1424-8220, PP.10430-10449, (2012).

[40] B.Lee, J. Eom, K.Park, S.Park, e M.Ju, /'Specialty fiber coupler; Fabrications and applications", Journal of the Optical Society of Korea, Vol. 14, Issue 4, pp. 326-332 (2010).

[41] F. Guo, "Fiber-Tip Fabry-Perot Interferometric Sensor based on a Thin Silver Film", Tese de Mestrado, Departamento de Engenharia Eléctrica, Universidade de Nebraska, (2012).

[42] B. Lee, Y.Kim, K.Park, J.Eom, M.Kim, B.Rho e H.Choi, "Interferometric Fiber Optic Sensors", Sensors (Basileia), ISSN 1424-8220, pp. 2467-2468, (2012).

[43] G. Agrawal, "applications of nonlinear fiber optics", livro, Instituto de Ótica de Nova Iorque da Universidade de Rochester, quarta edição, ISBA: 13:978-0- 12-39581-1,(2010).

[44] N. Sabri, S. Aljunid, M. S. Salim, R. B. Ahmad e R. Kamaruddin, "Toward Optical Sensors: Review and Applications", Journal of Physics: Conference Series 423, (2013).

[45] K. Thyagarajan e A. Ghatak, "Fiber Optic Essentials", Livro, Wiley, ISBN: 978-0-470-15255-3, (2008).

[46] K. P. Zetie, S. F. Adams e R. M. Tocknell, "How Does A Mach-Zehnder Interferometer Work", Departamento de Física, Westminster School, Londres SW1 3PB, PII: S0031-9120(00)05127-3, (1999).

[47] L.V. Ngyuen, D. Hwang, S. Moon, D. S. Moon e Y. Chung, "Sensor de fibra de alta temperatura com alta sensibilidade baseado na incompatibilidade do diâmetro do núcleo". Opt. Express, 16, 11369-11375, (2008).

[48] Y. Liu e L. Wei, "Low-Cost High-Sensitivity Strain and Temperature Sensing Using Graded-Index Multimode Fibers", Applied Optics, Vol. 46, No. 13, (2009).

[49] P. Lu, L. Men, K. Sooley e Q. Chen, "Tapered Fiber Mach-Zehnder Interferometer for Simultaneous Measurement of Refractive Index and Temperature", Applied Physics Lett., 94, doi:10.1063/1.3115029, (2009).

[50] Y. Namihira, "Opto-Elastic Constant in Single Mode Optical Fibers", Journal of Lightwave Technology, Vol. Lt-3, No. 5, (1985).

[51] J. Tsuji, M. Nishida e K. Kawada, "Experimental methods of photoelasticity", Nikkan Kogyo-sha (em japonês), (1975).

[52] قيس عبد الستار النعيمي "دراسة الخواص البصرية الميكانيكية للبولي ميثيل ميثا اكريليت PMMA واستخدامه كمحسن للضغط"، جامعة بغداد، كلية العلوم، قسم الفيزياء

[53] L. Yuan, G. Zhang e Q. Li, "Interaction Model Between Fiber Optic Ultrasonic Sensor and Matrix Materials", Departamento de Física, Universidade de Engenharia de Harbin, China (2005).

[54] Miao Yu. , "Fiber Optics Sensor Technology", IMAC XXVI, Orlando, FL, (2008).

[55] J. Saprid, "Acousto-Optics", Livro, Nova Iorque: Wiley- Interscience Publication, (1979).

[56] S. Timoshenko e J. Goodier, "Theory of Elasticity", Nova Iorque: Mcgraw HILL INC, (1951).

[57] M. Kreuzer, "Strain measurement with Fiber Bragg Grating sensor"' HBM, Darmstadt, (2009).

[58] N.Al-Douri, "modulação de fase no polímero sensor de pressão [PMMA]", tese de mestrado, Faculdade de Ciências, (1998).

[59] I.Kahdhim, "optical fiber bragg grating strain sensor",master thesis, Electronic and communication engineering, (2013).

Printed by Books on Demand GmbH, Norderstedt / Germany